全国高职高专规划教材——工学结合教材

化工产品检测技术

李　蓉　主编

中国环境出版社・北京

图书在版编目（CIP）数据

化工产品检测技术/李蓉主编．—北京：中国环境出版社，2016.2

全国高职高专规划教材．工学结合教材

ISBN 978-7-5111-2569-9

Ⅰ．①化…　Ⅱ．①李…　Ⅲ．①化学产品—检测—高等职业教育—教材　Ⅳ．①TQ075

中国版本图书馆 CIP 数据核字（2015）第 231637 号

出 版 人　王新程
责任编辑　黄晓燕　侯华华
责任校对　尹　芳
封面设计　宋　瑞

出版发行　中国环境出版社
（100062　北京市东城区广渠门内大街 16 号）
网　　址：http://www.cesp.com.cn
电子邮箱：bjgl@cesp.com.cn
联系电话：010-67112765（编辑管理部）
010-67112735（环评与监察图书分社）
发行热线：010-67125803，010-67113405（传真）

印　　刷　北京市联华印刷厂
经　　销　各地新华书店
版　　次　2016 年 2 月第 1 版
印　　次　2016 年 2 月第 1 次印刷
开　　本　787×960　1/16
印　　张　15.5
字　　数　286 千字
定　　价　27.00 元

编审人员

主　　编　李　蓉（南通科技职业学院）

编写人员　周秀娟（海油碧路南通有限公司）

　　　　　蒋云霞（南通科技职业学院）

　　　　　丁敏娟（南通科技职业学院）

　　　　　李　亚（南通科技职业学院）

主　　审　蒋云霞（南通科技职业学院）

序 言

工学结合人才培养模式经由国内外高职高专院校的具体教学实践与探索，越来越受到教育界和用人单位的肯定和欢迎。国内外职业教育实践证明，工学结合、校企合作是遵循职业教育发展规律，体现职业教育特色的技能型人才培养模式。工学结合、校企合作的生命力就在于工与学的紧密结合和相互促进。在国家对高等应用型人才需求不断提升的大环境下，坚持以就业为导向，在高职高专院校内有效开展结合本校实际的“工学结合”人才培养模式，彻底改变了传统的以学校和课程为中心的教育模式。

《全国高职高专规划教材——工学结合教材》丛书是一套高职高专工学结合的课程改革规划教材，是在各高等职业院校积极践行和创新先进职业教育思想和理念，深入推进工学结合、校企合作人才培养模式的大背景下，根据新的教学培养目标和课程标准组织编写而成的。

本套丛书是近年来各院校及专业开展工学结合人才培养和教学改革过程中，在课程建设方面取得的实践成果。教材在编写上，以项目化教学为主要方式，课程教学目标与专业人才培养目标紧密贴合，课程内容与岗位职责相融合，旨在培养技术技能型高素质劳动者。

前 言

高职教育作为职业教育的重要组成部分，承担着为国家培养更多高素质、高技能型建设人才的重任。随着高职教育改革的深化，特别是招生模式将做较大调整，生源又呈逐年萎缩的趋势，高职院校竞争能力越来越多地取决于专业建设水平的高低。分析与检验适用行业广泛，涉及国民经济的各个领域。随着我国工业生产水平的进步，生产自动化程度越来越高，对从事质量监控的人员提出了更高的要求，需要从业人员既要有扎实的化学分析、仪器分析的基础理论，熟练的操作技能，还要具有一定的管理、营销、统计方面的基本素质。因此，根据技术领域和职业岗位（群）的任职要求，参照相关的职业资格标准，开发与构建基于工作过程的课程体系和教学内容，培养学生的职业能力，使学生得到可持续发展是应用化工技术专业建设的核心任务。

工作过程是指个体“为完成一项工作任务并获得工作成果而进行的一个完整的工作程序”，“是一个综合的、时刻处于运动状态但结构相对固定的系统”。因此，工作过程系统化课程的开发正是对课程本质——过程的回归，是学习过程、工作过程与学生能力和个性发展的联系。在开发的过程中，我们紧密依托企业，遵循“校企合作、工学结合、职业导向、能力本位”的理念，充分体现课程设计职业性、实践性和开放性的特点，设计了工业稀硝酸、工业氢氧化钠、工业轻质氧化镁、硫酸铜、工业碳酸钠、工业硬脂酸、甘油、工业用环己酮、工业用甲醛溶液、工业用季戊四醇等化工产品的分析检验。

由于编者水平有限，书中难免存在不足之处，希望读者和广大师生提出宝贵意见。

编者

2014年12月

目　录

项目一　工业稀硝酸的分析检验

项目内容

硝酸（nitric acid），分子式 HNO_3，是一种有强氧化性、强腐蚀性的无机酸，酸酐为五氧化二氮。硝酸的酸性较硫酸和盐酸小（$pK_a = -1.3$），易溶于水，在水中完全电离。67.5%以下浓度的为稀硝酸，67.5%～98%浓度的为浓硝酸，98%以上浓度的为发烟硝酸。常温下，稀硝酸无色透明，浓硝酸显棕色。工业品浓硝酸和发烟硝酸因溶有二氧化氮而显棕色。硝酸不稳定，易见光分解，应在棕色瓶中于阴暗处避光保存，严禁与还原剂接触。

浓硝酸为黄色液体（溶有二氧化氮），有窒息性刺激气味，易挥发。能与水混溶，形成共沸混合物。相对密度 1.41，沸点 120.5℃（68%）。在空气中产生白雾，是硝酸蒸气与水蒸气结合而形成的硝酸小液滴。露光能产生四氧化二氮而变成棕色。能使羊毛织物和动物组织变成嫩黄色。能与乙醇、松节油、碳和其他有机物猛烈反应。能与除金、铂外的金属反应放出二氧化氮或一氧化氮。

发烟硝酸是含有溶解二氧化氮的浓硝酸，是无色到微黄或微带棕色的澄清液体，有强烈的挥发性，有气体不断地从溶液中向外逸出，发出二氧化氮、四氧化二氮的红黄色烟。能与水混溶。相对密度按游离二氧化氮的增加而增大。浓硝酸中含有 7.5%二氧化氮时，其相对密度为 1.526；含有 12.7%二氧化氮时，其相对密度为 1.544。发烟硝酸有强烈的氧化性和腐蚀性，切勿与易氧化物接触。忌与皮肤接触。

稀硝酸现行的标准是国家标准 GB/T 337.2—2014。该标准指出产品外观是无色或浅黄色液体，并规定了工业稀硝酸的技术要求，见表 1-1。

主要用于制取浓硝酸、硝酸盐、硝态氮肥等的工业稀硝酸按照国家标准 GB/T 337.2—2014《工业硝酸　稀硝酸》中的规定进行测定。该标准规定了工业稀硝酸的试验方法，包括硝酸含量、亚硝酸含量、灼烧残渣含量的测定方法。

表 1-1 工业稀硝酸的技术要求

项目	指标				
	68 酸	60 酸	55 酸	50 酸	40 酸
硝酸（HNO_3）的质量分数/%（≥）	68.0	60.0	55.0	50.0	40.0
亚硝酸（HNO_2）的质量分数/%（≤）	0.10	0.10	0.10	0.10	0.10
灼烧残渣的质量分数/%（≤）	0.01	0.01	0.01	0.01	0.01

工作任务

任务一 工业稀硝酸分析准备工作

一、样品的采集和制备

1．工业稀硝酸样品的采集

（1）确定批量。

连续生产或同一班组生产同等质量的产品为一批，也可按产品贮罐组批。

（2）样品数。

稀硝酸用桶或瓶装时，总的包装桶数小于 500 的，取样桶数按表 1-4 的规定选取；大于 500 时，按$3\times\sqrt[3]{N}$（N为总的包装数）的规定选取。用槽车装时，从每辆槽车中选取。

（3）样品量。

取样量不少于 500 mL。

（4）采样方法。

稀硝酸用桶或瓶装时，采样可用玻璃制采样管、不锈钢采样管从容器的上、中、下部采取均匀试样。

2．样品的保存

将所采的样品收集于两个清洁干燥，具塞的棕色玻璃瓶或硬塑料瓶中，密封瓶上粘贴标签，并注明生产厂名、产品名称、批号、采样日期和采样者姓名。必要时还需要填写采样记录，见表 1-2。一瓶用于检验，另一瓶保存备查。

表 1-2 采样记录

样品登记号		样品名称	
采样地点		采样数量	
采样时间		采样部位	
采样日期		包装情况	
采样人		接收人	

二、工业稀硝酸的检验规则

（1）工业稀硝酸技术要求中的三项指标项目均为型式检验项目，在正常情况下，每六个月至少要进行一次型式检验。

（2）硝酸含量、亚硝酸含量这两项指标为出厂检验项目。

（3）检验结果如有一项指标不符合表 1-1 的技术要求时，应重新自两倍量采样单元数的包装中采样复验，复验结果即使只有一项指标不符合要求时，则整批产品为不合格品。

三、工业稀硝酸的标志、包装、运输、贮存及安全

1．标志、标签

（1）稀硝酸包装袋上应有牢固清晰的标志，内容包括：生产厂名、产品名称以及 GB 190—2009 中规定的“腐蚀性物质”和“氧化性物质”的标签。

（2）每批出厂的稀硝酸都应附有质量证明书。内容包括：生产厂名、厂址、产品名称、商标、规格、净含量、批号或生产日期、产品质量符合 GB/T 337.2—2014 的证明和编号。

2．包装、运输、贮存

（1）稀硝酸应用硬塑料桶、不锈钢等耐稀硝酸腐蚀的容器包装。

（2）稀硝酸在运输中应防止烈日暴晒和猛烈撞击，并经常检查，确保容器严密不漏。

（3）稀硝酸应贮存在通风、避光、干燥库房内。与酸、碱、有机物、易燃物隔离存放。

3．安全要求

（1）稀硝酸是氧化剂。严防与木屑、稻草、纸张、木材等有机物接触。

（2）稀硝酸具有腐蚀性，凡接触硝酸的生产人员，应使用必要的防护用品，如耐酸手套及衣服等以防灼伤。

（3）如被稀硝酸灼伤皮肤应立即用大量水或小苏打水清洗并送医院。

四、定性检验

1．试剂

硫酸；硫酸亚铁溶液（80 g/L）；铜丝或铜屑。

2．检验

（1）外观应为无色或淡黄色透明液体。

（2）样品溶液呈强酸性。

（3）取少许样品于试管中，加少量水稀释，加入与样品水溶液等体积的硫酸，混合、冷却后，沿管壁加入硫酸亚铁溶液使成两液层，在接界面上出现棕色环（证明有硝酸盐）。

$$3Fe^{2+} + NO_3^- + 4H^+ = 3Fe^{3+} + NO + 2H_2O$$

$$FeSO_4 + NO = FeSO_4 \cdot NO \text{（棕色）}$$

（4）取少许样品，加硫酸与铜丝（或铜屑），加热即产生红棕色蒸气（证明有硝酸盐）。

$$Cu + 2NO_3^- + 4H^+ = Cu^{2+} + 2NO_2\uparrow + 2H_2O$$

任务二　工业稀硝酸中硝酸含量的测定

一、测定原理

称取一定量的试样，用氢氧化钠标准滴定溶液滴定，根据氢氧化钠标准滴定溶液的消耗量计算硝酸的含量。

二、仪器、试剂

1．试剂

（1）氢氧化钠标准滴定溶液：c（NaOH）= 1.0 mol/L；

（2）酚酞指示剂：10 g/L。

2．仪器

实验室常规玻璃仪器。

三、测定步骤

取约 15 mL 水注入 250 mL 具塞的玻璃锥形瓶中，称重，精确到 0.000 2 g。打开塞子，快速移入一定量的试样（根据表 1-3 列出的硝酸规格），立刻盖上瓶塞，并重新准确称重。打开瓶塞，加入 50 mL 水和 4 滴酚酞指示液，摇匀，用氢氧化钠标准滴定溶液滴定至浅粉色即为终点。

同时进行空白试验，空白试验溶液除不加试样外，其他操作和加入的试剂与试验溶液相同。

表 1-3 分析稀硝酸所需移取试样量

硝酸规格	试样体积/mL	试样量/g
68 酸	2.8±0.2	3.9
60 酸	3.1±0.2	4.3
55 酸	3.4±0.2	4.6
50 酸	3.8±0.2	5.0
40 酸	4.2±0.2	5.5

四、分析结果的表述

以质量分数表示的硝酸含量 w_1（%）按下式计算：

$$w_1 = \frac{(V - V_0)cM}{m \times 1\,000} \times 100 - 1.34w_2$$

式中，V —— 滴定所消耗的氢氧化钠标准滴定溶液的体积，mL；

V_0 —— 空白试验所消耗的氢氧化钠标准滴定溶液的体积，mL；

c —— 氢氧化钠标准滴定溶液的实际浓度，mol/L；

m —— 试料质量，g；

M —— 硝酸的摩尔质量（$M = 63.00$ g/mol）；

w_2 —— 亚硝酸的质量分数（按任务三中方法测定），%；

1.34 —— 将亚硝酸换算为硝酸的系数。

允许差：取平行测定结果的算术平均值为测定结果，平行测定结果的绝对差值不大于 0.2%。

任务三　工业稀硝酸中亚硝酸含量的测定

一、测定原理

用高锰酸钾标准滴定溶液氧化样品中的亚硝酸化合物，再加入过量的硫酸亚铁铵溶液，然后用高锰酸钾标准滴定溶液滴定过量的硫酸亚铁铵溶液。

二、仪器、试剂

1．试剂

（1）硫酸溶液：1+8。

（2）硫酸亚铁铵溶液：40 g/L。

（3）高锰酸钾标准滴定溶液：c（1/5 $KMnO_4$）=0.1 mol/L。

2．仪器

（1）锥形瓶：容量 50 mL，带有磨口玻璃塞。

（2）实验室常规玻璃仪器。

三、测定步骤

于 500 mL 锥形瓶中，加入 100 mL 低于 25℃的水，20 mL 低于 25℃硫酸溶液，再用滴定管加入一定体积（V_0）的高锰酸钾标准滴定溶液。该体积（V_0）比测定样品消耗高锰酸钾标准滴定溶液的体积过量 10 mL。

用移液管移取 5～10 mL 样品，迅速加入锥形瓶，立即塞紧锥形瓶，用水冷却至室温，立即摇动至酸雾完全消失为止（约 5 min），用移液管加入 20 mL 硫酸亚铁铵溶液，以高锰酸钾标准滴定溶液滴定，直至呈现粉红色于 30 s 内不消失为止，记录滴定的高锰酸钾标准滴定溶液的体积（V_1）。

为了确定在测定条件下，两种溶液的相当值，用移液管加入 20 mL 硫酸亚铁铵溶液，以高锰酸钾标准滴定溶液滴定，直至溶液呈现粉红色于 30 s 内不消失为止，记录滴定的高锰酸钾标准滴定溶液的体积（V_2）。

四、分析结果的表述

1．亚硝酸含量的计算

以质量分数表示的亚硝酸含量 w_2（%）按下式计算：

$$w_2 = \frac{[(V_0 + V_1) - V_2]cM}{\rho V \times 1\,000} \times 100$$

式中，c—— 高锰酸钾标准滴定溶液的实际浓度，mol/L；

V_0—— 开始加入高锰酸钾标准滴定溶液的体积，mL；

V_1—— 第一次滴定消耗高锰酸钾标准滴定溶液的体积，mL；

V_2—— 第二次滴定消耗高锰酸钾标准滴定溶液的体积，mL；

V—— 移取试料的体积，mL；

ρ—— 试料溶液的密度，g/mL（68 酸ρ=1.405；60 酸ρ=1.367；55 酸ρ=1.339；50 酸ρ=1.310；40 酸ρ=1.246）；

M—— 亚硝酸的摩尔质量（M = 23.50 g/mol）。

2．允许差

取平行测定结果的算术平均值为测定结果，平行测定结果的绝对差值不大于0.01%。

任务四 工业稀硝酸中灼烧残渣含量的测定

一、测定原理

样品蒸发后，残渣经高温灼烧至恒重。

二、仪器

（1）蒸发皿：瓷皿，容量 100～125 mL。

（2）高温炉：可控制（800±25）℃。

三、测定步骤

用移液管移取 50 mL 样品，置于预先在（800±25）℃高温炉灼烧至恒重的蒸发皿中，将蒸发皿置于沙浴上蒸干。然后将蒸发皿移入高温炉内，于（800±25）℃灼烧至恒重。

四、分析结果的表述

1．灼烧残渣含量的计算

以质量分数表示的灼烧残渣含量 w_4（%）按下式计算：

$$w_4 = \frac{m_2 - m_1}{\rho V} \times 100$$

式中，m_1—— 蒸发皿的质量，g；

m_2—— 盛有灼烧残渣蒸发皿的质量，g；

V—— 移取试料的体积，mL；

ρ—— 试料溶液的密度（任务三中测定得到），g/mL。

2．允许差

取平行测定结果的算术平均值为测定结果，平行测定结果的绝对差值不大于0.002%。

知识链接

一、工业稀硝酸生产原料及应用

工业硝酸生产中的原料主要为氨气、空气、氧气、铂催化剂、硫酸或硝酸镁等吸水剂。

硝酸是一种重要的化工原料，在各种酸中，产量仅次于硫酸，主要消耗部门为化肥工业和国防工业。稀硝酸大部分用于制造硝酸铵、硝酸磷肥和各种硝酸盐。浓硝酸用于炸药、有机合成工业，是生产 TNT（2，4，6-三硝基甲苯）、硝化甘油等烈性炸药和硝化纤维素的原料；生产浓硝酸的中间物——液体 N_2O_4 是火箭、导弹发射的高能燃料；硝酸将苯硝化，并经过还原制成的苯胺，是染料生产中的主要中间体之一。此外，制药、塑料、有色金属冶炼等方面都需要用到硝酸。

二、工业稀硝酸生产工艺

目前工业稀硝酸的生产均以氨为原料，采用催化氧化法，可制得 45%～60%的稀硝酸。

1．氨催化氧化

由于催化剂和反应条件的不同，氨与氧的反应如下：

$$4NH_3 + 5O_2 \longrightarrow 4NO + 6H_2O$$

$$4NH_3 + 4O_2 \longrightarrow 2N_2O + 6H_2O$$

$$4NH_3 + 3O_2 \longrightarrow 2N_2 + 6H_2O$$

NO 是硝酸生产的中间产物，若只想得到目标产品 NO，最好的方法是寻求一种选择性良好的催化剂，使它只能加快第一个反应而抑制其他反应的进行。通过大量催化剂筛选实验，至今可供工业使用的选择性良好的催化剂归纳起来有两大类。一是铂系催化剂，二是以铁、钴、铬等金属的非铂系催化剂。后者虽然价格低廉，但其活性周期短，且氨氧化率低，仅为 80%～87%，催化剂节省的费用并不能抵偿由于原料氨耗增大所产生的费用。所以，现在国内外的硝酸工厂几乎都采用铂系催化剂。

2．一氧化氮的氧化

经催化氧化得到的一氧化氮需进一步氧化，才可得到氮的高价氧化物 NO_2、N_2O_3、N_2O_4。反应方程式如下：

$$2NO + O_2 \longrightarrow 2NO_2$$
$$NO + NO_2 \longrightarrow N_2O_3$$
$$2NO_2 \longrightarrow N_2O_4$$

上述三个反应都是气体体积数减少的可逆放热反应。所以，从平衡角度上，降低反应温度，提高操作压力，有利于一氧化氮氧化反应的进行。一般一氧化氮的氧化方法根据反应介质的不同可分为干法氧化和湿法氧化两种。

3．氮氧化物的吸收

经一氧化氮氧化后的气体含有 NO、NO_2、N_2O_3、N_2O_4 等，除 NO 外，其他氮氧化物均能与水发生反应，其反应如下：

$$2NO_2 + H_2O \longrightarrow HNO_3 + HNO_2$$
$$N_2O_4 + H_2O \longrightarrow HNO_3 + HNO_2$$
$$N_2O_3 + H_2O \longrightarrow 2HNO_2$$

在工业上，实际生成 N_2O_3 的含量很少，所以 N_2O_3 和 H_2O 的反应可以忽略。

亚硝酸性质较活泼，不稳定，只有在温度低于 0℃，浓度极小的情况下才能稳定存在。因此，在工业条件下，会迅速分解。

$$3HNO_2 \longrightarrow HNO_3 + 2NO\uparrow + H_2O$$

所以，在氮氧化物吸收的过程中主要发生的反应是：

$$3NO_2 + H_2O \longrightarrow 2HNO_3 + NO$$

由此可见，用水吸收二氧化氮时，只有 2/3 的二氧化氮转化为硝酸，而 1/3 的二氧化氮转化为一氧化氮。工业生产中，需将这部分一氧化氮重新氧化和吸收。

因此，在氮氧化物的吸收过程中，NO_2的吸收和 NO 的氧化是同时交叉进行的。

4．硝酸尾气的处理

酸吸收后，尾气中仍含有残余的氮氧化物，如果将其直接放空势必会造成氮氧化物的损失和氨耗的增加。这样不仅氨未能充分利用，而且还污染厂区环境，既危害人体健康，又影响农作物生长。

经过对治理硝酸尾气的大量研究，开发了多种治理方法，归纳起来有三类，即碱液吸收法、固体吸附法和催化还原法。

（1）碱液吸收法。

吸收所用的碱液一般多为碳酸钠溶液。此法简单易行，处理量大，适用于含氮氧化物含量较多的尾气处理。

（2）固体吸附法。

这种方法是以分子筛、硅胶、活性炭和离子交换树脂等固体物质作吸附剂。其中活性炭的吸附容量最高，分子筛次之，硅胶最低。

（3）催化还原法。

催化还原法是在有催化剂条件下使氮氧化物变为氮气和水的方法。催化还原法的特点是装置紧凑、操作方便、脱除氮氧化物效率高，气体在加压时，还可以采用尾气膨胀回收能量，是目前国内外硝酸厂进行尾气治理所普遍采用的一种方法。

催化还原法根据还原气体的不同，可分为非选择性催化还原法和选择性催化还原法两种。

三、工业稀硝酸工艺流程

氨催化氧化法生产稀硝酸的工艺流程见图 1-1。

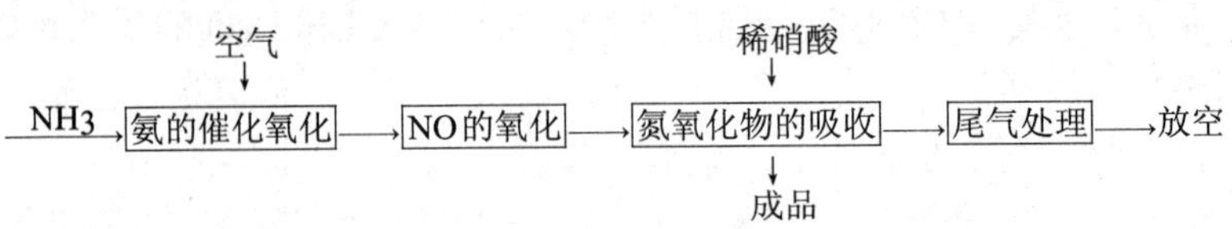

图 1-1　氨催化氧化法生产稀硝酸的工艺流程

稀硝酸的生产工艺流程多种多样，选用时应根据具体条件的不同（如规模、成品酸浓度要求、原料氨成本及公用工程费用等）而采用不同流程。目前生产稀硝酸的工艺流程，可根据操作压力的不同分为常压法、中压法、高压法、综合法和双加压法五种类型。

1．常压法

氨的氧化和氮氧化物的吸收均在常压下进行。该法压力低，氨氧化率高，铂消耗低，设备结构简单，吸收塔除可采用不锈钢外，也可采用花岗石、耐酸砖或塑料。缺点是成品稀硝酸浓度低，尾气中氮氧化物浓度高需经处理才能放空，吸收容积大，占地面积大，投资大。

2．中压法

氨的氧化和氮氧化物的吸收均在中压（0.2～0.5 MPa）下进行。该法吸收率高，成品酸浓度高，尾气中氮氧化物浓度低，吸收容积小，能量回收率高。但在中压条件下氨氧化率略低，铂损失较高。

3．高压法

氨的氧化和氮氧化物的吸收均在高压（0.7～1.2 MPa）下进行。该法较中压法吸收率更高，吸收容积更小，能量回收率更高。但在高压条件下氨氧化率低，氨耗高，铂耗高，且尾气中氮氧化物浓度也高，需经处理才能放空。

4．综合法

该法氨的氧化与氮氧化物的吸收在两个不同压力下进行，即常压氧化，中压（0.2～0.5 MPa）吸收。此法集中了常压法和中压法的优点。氨消耗、铂消耗低于高压法，不锈钢用量低于中压法，吸收容积则小于常压法。

5．双加压法

该法氨的氧化在中压条件（0.2～0.5 MPa）下进行，氮氧化物的吸收则在高压条件（0.7～1.2 MPa）下进行。采用较高的吸收压力和较低的吸收温度，成品酸浓度一般可达 60%，尾气中氮氧化物含量低于 0.02%，可直接放空。

四、化工产品采样总则

1．采样基本术语

（1）采样：从待测的原始物料中取得分析试样的过程。

（2）采样单元：具有界限的一定数量物料。

（3）子样：用采样器从一个采样单元中一次取得的一定量物料，也称小样或份样。

（4）样品：从数量较大的采样单元中一次或几次采取一个或几个采样单元或者是从一个采样单元里采取一个份样或几份份样。

（5）原始平均试样：将采取的全部份样混合均匀。

（6）分析化验单位：应该采取一个原始平均试样的物料的总量。

（7）实验室样品：为送往实验室供检验或测试而制备的样品。

（8）备考样品：与实验室样品同时同样制备的样品，在有争议时，作为有关方面仲裁分析所用样品。

2．采样目的

采样的基本目的为：从被检的总体物料中取得有代表性的样品，通过对样品的检测，得到在容许误差内的数据，从而求得被检物料的某一或某些特性的平均值及其变异性。

采样的具体目的可分为下列几方面，目的不同，要求各异，在设计具体采样方案之前，必须明确具体的采样目的和要求。

（1）技术方面。

① 确定原材料、半成品及成品的质量。

② 控制生产工艺过程。

③ 鉴定未知物。

④ 确定污染的性质、程度和来源。

⑤ 验证物料的特性或特性值。

⑥ 测定物料随时间、环境的变化。

⑦ 鉴定物料的来源等。

（2）商业方面。

① 确定销售价格。

② 验证是否符合合同的规定。

③ 保证产品销售质量满足用户的要求等。

（3）法律方面。

① 检查物料是否符合法令要求。

② 检查生产过程中泄漏的有害物质是否超过允许极限。

③ 法庭调查。

④ 确定法律责任。

⑤ 进行仲裁等。

（4）安全方面。

① 确定物料是否安全或危险程度。

② 分析发生事故的原因。

③ 按危险性进行物料的分类等。

3．采样基本原则

采样的基本原则是使采得的样品具有充分的代表性。

当采样的费用（如物料费用、作业费用等）较高，在设计采样方案时可以适当兼顾采样误差和费用，但应满足对采样误差的要求。

4．采样方案

（1）影响采样方案的因素。

① 被采总体物料的性质、物理状态和范围。范围可以是买卖双方协议的某交货批，或间断生产的某生产批，当连续生产时，可以是某时间间隔内生产的物料。

② 总体物料在生产时或产出后被污染或变质的可能性。

③ 可以接受的采样误差。

④ 被检物料的规格。

⑤ 物料判定标准的特性定义。

⑥ 检测方法的精密度。

⑦ 物料的价值。

⑧ 简化采样操作的可能性。

（2）采样方案的基本内容。

① 确定总体物料的范围。

② 确定采样单元和二次采样单元。

③ 确定样品数、样品量和采样部位。

④ 规定采样操作方法和采样工具。

⑤ 规定样品的加工方法。

⑥ 规定采样安全措施。

5．采样误差

（1）采样随机误差。

采样随机误差是在采样过程中由一些无法控制的偶然因素所引起的偏差，这是无法避免的。增加采样的重复次数可以缩小这个误差。

（2）采样系统误差。

由于采样方案、采样设备、操作者以及环境等因素，均可引起采样的系统误差。系统误差的偏差是定向的，应极力避免。增加采样的重复次数不能缩小这类误差。

注：采得的样品都可能包含采样的随机误差和系统误差，因此在通过检测样品求得的特性值数据的差异中，既包括采样误差也包括试验误差。后者也因试验方法本身或操作技术等的影响而有其随机误差和系统误差。所以在应用样品的检测数据来研究采样误差时，应考虑试验误差的影响。

6．物料特性值的变异性类型

（1）工业物料的分类。

物料按特性值的变异性类型可以分为两大类，即均匀物料和不均匀物料，不均匀物料可再细分，如下所示：

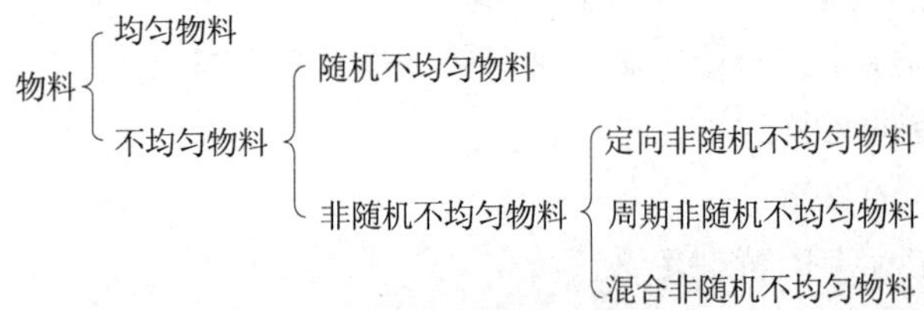

① 均匀物料：是指如果物料各部分的特性平均值在测定该特性的测量误差范围内，此物料就该特性而言是均匀物料。

② 不均匀物料：是指如果物料各部分的特性平均值不在测定该特性的测量误差范围内，此物料就该特性而言是不均匀物料。

③ 随机不均匀物料：是指总体物料中任一部分的特性平均值与相邻部分的特性平均值无关的物料。

④ 定向非随机不均匀物料：是指总体物料的特性值沿一定方向改变的物料。

⑤ 周期非随机不均匀物料：是指在连续的物料流中物料的特性值呈现出周期性变化，其变化周期有一定的频率和幅度。

⑥ 混合非随机不均匀物料：是指由两种以上特性值变异性类型或两种以上特性平均值组成的混合物料，如由几批生产合并的物料。

（2）总体物料特性值的变异性及其类型的推断。

总体物料特性值的变异性及其类型是设计采样方案的基础。它们是客观存在的，但要通过检测的数据来估计它们，所需费用高且操作困难，所以在设计采样方案时一般不进行实测，而是根据经验和已掌握的物料信息来推断和假设。

7．采样技术

（1）采样原则。

① 均匀物料的采样。均匀物料的均匀性随着规定考察单元大小的不同而可能有变化。例如 50 kg 桶包装的 10 t 物料，桶间特性平均值没有显著差异，因此，这批物料对桶单元来说是均匀物料。假如桶内物料在处理过程中有离析，从桶内的不同部位采得的每份为 500 g 的物料间的特性平均值就会有差异。所以，对 500 g 物料为考察单元来说物料则是不均匀的。

均匀物料的采样原则上可以在物料的任意部位进行。但要注意：采样过程中不应带进杂质，以及避免在采样过程中引起物料变化（如吸水、氧化等）。

② 不均匀物料的采样。对不均匀物料的采样除了要注意与均匀物料相同的两点以外，一般采取随机采样。对所得样品分别进行测定，再汇总所有样品的检测结果，可以得到总体物料的特性平均值和变异性的估计量。如果从总体物料中随机选取若干等量样品（或按所代表物料量的比例采得的不等量样品），合并成大样，再缩分成最终样品，那么从它得到的特性平均值的估计量误差较大，同时也不能得到关于特性值变异性的信息。

根据已掌握的特性值的变异类型来设计采样方案，可使采得的样品更好地代表总体，费用也更节省。

③ 随机不均匀物料的采样。随机不均匀物料的采样可以随机选取，也可非随机选取。

④ 定向非随机不均匀物料的采样。定向非随机不均匀物料如固体颗粒物料在输送时，由于颗粒大小、轻重的不同而引起垂直和水平方向分离的物料。又如在高温灌装后由近壁向中心逐渐凝固，其杂质含量必然随着凝固的先后而形成梯度的物料。对这样的物料要分层采样，并尽可能在不同特性值的各层中采出能代表该层物料的样品。

⑤ 周期非随机不均匀物料的采样。周期非随机不均匀物料的变化周期有一定的频率和幅度。对这类物料最好在物料流动线上采样，采样的频率应高于物料特性值的变化频率，切忌两者同步。增加采样单元数将有利于减少采样偏差。

⑥ 混合非随机不均匀物料的采样。混合非随机不均匀物料是由几个生产批合并的物料。对这类物料，首先尽可能使各组成部分分开，然后按照上述各种物料类型的采样方法进行采样。

（2）确定样品数和样品量。

在满足需要的前提下，能给出所需信息的最少样品数和最少样品量为最佳样品数和最佳样品量。

① 样品数。对一般化工产品，都可用多单元物料来处理。其单元界限可能是有形的，如容器；也可能是设想的，如流动物料的一个特定时间间隔。

对多单元的被采物料，采样操作分两步，第一步，选取一定数量的采样单元；第二步，对每个单元按物料特性值的变异性类型分别进行采样。

总体物料的单元数小于 500 的，采样单元的选取数，推荐按表 1-4 的规定确定。总体物料的单元数大于 500 的，采样单元数的确定，推荐按总体单元数立方根的三倍数，即 $3\times\sqrt[3]{N}$（N 为总体的单元数，如遇有小数时，则进为整数。如单元数为 538，则 $3\times\sqrt[3]{538}\approx 24.4$，将 24.4 进为 25，即选用 25 个单元）。

表 1-4　选取采样单元数的规定

总体物料的单元数	选取的最少单元数	总体物料的单元数	选取的最少单元数	总体物料的单元数	选取的最少单元数
1～10	全部单元	102～125	15	255～296	20
11～49	11	126～151	16	297～343	21
50～64	12	152～181	17	344～394	22
65～81	13	182～216	18	395～450	23
82～101	14	217～254	19	451～512	24

当物料的甲乙双方有明确的协议按计量型一次采样验收方案来判断产品的质量时，样品数可按《化工产品采样总则》（GB/T 6678—2003）第 11 章中规定的公式来计算。

② 样品量。在满足需要的前提下，样品量至少应满足以下要求：至少满足三次重复检测的需求；当需要留存备考样品时，应满足备考样品的需求；对采得的样品物料如需做制样处理时，应满足加工处理的需要。

8．采样记录和采样安全

（1）采样记录和采样报告。

采样时应记录被采物料的状况和采样操作，如记录物料的名称、来源、编号、数量、包装情况、存放环境、采样部位、所采的样品数和样品量、采样日期、采样人姓名等。必要时根据记录填写采样报告。对例行的常规采样，可以简化上述的规定。

（2）采样安全。

在有些情况下采样时，采样者有受到人身伤害的危险，也可能造成危及他人安全的危险条件。为确保采样操作的安全进行，采样前应仔细阅读《工业用化学产品采样安全通则》（GB 3723—1999）。

9．样品的容器和保存

（1）样品容器。

样品容器应具有符合要求的盖、塞或阀门，在使用前必须洗净、干燥；材质必须不与样品物质起作用，并不能有渗透性；对光敏性物料，盛样容器应是不透光的，或在容器外罩避光塑料袋。

（2）样品标签。

样品标签的内容包括样品名称及样品编号、总体物料批号及数量、生产单位、采样部位、样品量、采样日期、采样者等。

（3）样品的保存和撤销。

产品采样方法标准或采样操作规程中都应规定样品的保存量（作为备考样）、保存环境、保存时间以及撤销办法等。剧毒、危险样品的保存和撤销，除遵守一般规定外，还应遵守毒物或危险化学品的有关规定。

五、液体化工产品的采集和制备

液态物料具有流动性，组成比较均匀，容易采得均匀样品。液体化工产品一般是在容器中贮存和运输，所以采样前应根据容器情况和物料的种类来选择采样工具，确定采样方法。同时采样前还必须进行预检，即了解被采样物料的容器大小、类型、数量、结构和附属设备情况；检查包装容器是否受损、腐蚀、渗漏并核对标志；观察容器内物料的颜色、黏度是否正常；表面或底部是否有杂质、分层、沉淀、结块等现象；判断物料的类型和均匀性。

1．采样方案

根据预检检查结果制订采样方案，采取具有代表性的样品。采样方案的内容包括采样单元数，样品类型及样品量，采样时间、地点、位置，采样方法、步骤和使用的工具等。

2．采样工具

液体样品的采样工具常用的有表面样品采样勺（图 1-2），混合样品采样勺和采样杯，采样管（图 1-3），玻璃采样瓶（图 1-4），采样笼罐，金属制采样瓶、采样罐（普通型采样器、加重型采样器、底阀型采样器），管线取样设备等。

3．样品的类型

（1）部位样品。

从物料的特定部位或在物料流的特定部位和时间采得的一定数量或大小的样品。它是代表瞬时或局部环境的一种样品（图 1-5）。如表面样品（在物料表面采得的样品）、底部样品（在物料的最低点采得的样品）、上部样品（在液面下，相当于总体积 1/6 的深处采得的样品）、中部样品（在液面下，相当于总体积 1/2 的深处采得的样品）、下部样品（在液面下，相当于总体积 5/6 的深处采得的样品）均属部位样品。

（2）全液位样品。

从容器内全液位采得的样品（图 1-5）。

（3）平均样品。

把采得的一组部位样品按一定比例混合成的样品。

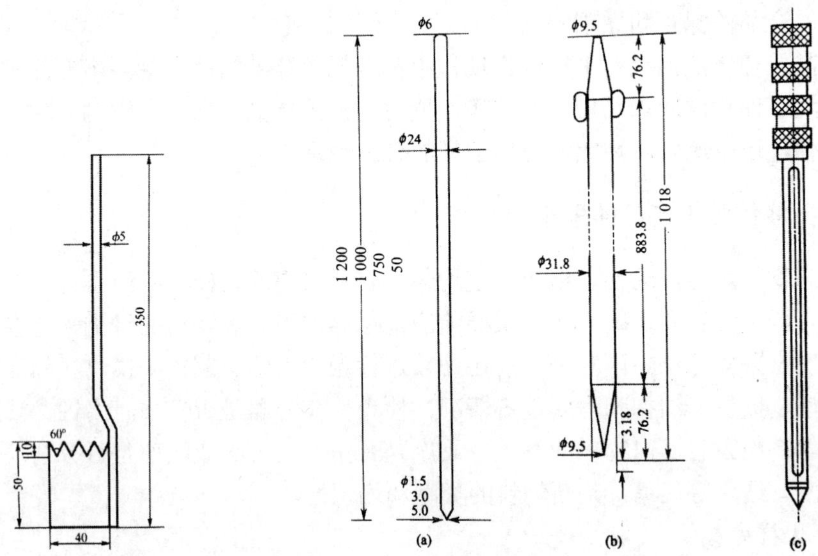

图 1-2　表面样品采样勺（单位：mm）

图 1-3　采样管（单位：mm）

（a）玻璃采样管；（b）铝（或不锈钢）制采样管；

（c）铜（或不锈钢）制双套筒采样管

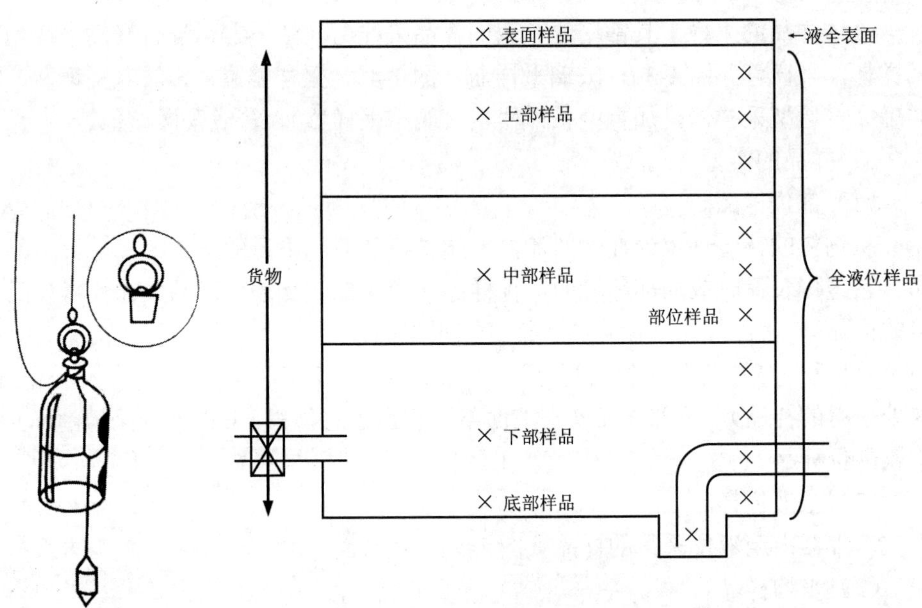

图 1-4　采样瓶

图 1-5　样品类型分布

（4）混合样品。

把容器中物料混匀后随机采得的样品。

4．采样方法

液体化工产品的采样可根据其常温下的物理状态分为四大类：常温下为流动态的液体、稍加热即成为流动态的化工产品、黏稠液体和多相液体。

（1）常温下为流动态的液体。

① 件装容器采样。小瓶装产品（25～500 mL）按采样方案随机采得若干瓶产品，各瓶摇匀后分别倒出等量液体混合均匀作为样品。也可分别测得各瓶物料的某特性值以考察物料特性值的变异性和均值。

大瓶装产品（1～10 L）和小桶装产品（约 19 L）采样前将被采样的瓶或桶用人工搅拌或摇匀后，用适当的采样管采得混合样品。

大桶装产品（约 200 L）在静止情况下用开口采样管采全液位样品或采部位样品混合成平均样品。在滚动或搅拌均匀后，用适当的采样管采得混合样品。如需知表面或底部情况时，可分别采得表面样品或底部样品。

② 贮罐采样。

1）立式圆形贮罐采样。

a．从固定采样口采样。在立式贮罐侧壁安装上、中、下采样口并配上阀门。当贮罐装满物料时，从各采样口分别采得部位样品。由于截面一样，所以按等体积混合三个部位样品成为平均样品。如贮罐无采样口而只有一个排料口，则先把物料混匀，再从排料口采样。

b．从顶部进口采样。把采样瓶或采样罐从顶部进口放入，降到所需位置，分别采上、中、下部位样品，等体积混合成平均样品或采全液位样品。也可用长金属采样管采部位样品或全液位样品。

2）卧式圆柱形贮罐采样。在卧式贮罐一端安装上、中、下采样管，外口配阀门。采样管伸进罐内一定深度，管壁上钻直径 2～3 mm 的均匀小孔。当罐装满物料时，从各采样口采上、中、下部位样品并按一定比例混合成平均样品。当罐内液面低于满罐时液面，可用采样瓶、罐、金属采样管等从顶部进口放入，按照规定采得上、中、下部位样品，再按一定比例混合成为平均样品。当贮罐没有安装上、中、下采样管时，也可以从顶部进口采得全液位样品。

贮罐采样要防止静电危险，罐顶部要安装牢固的平台和梯子。

③ 槽车采样（火车和汽车槽车）。

a．从排料口采样。在顶部无法采样而物料又较为均匀时，可用采样瓶在槽车的排料口采样。

b．从顶部进口采样。用采样瓶、罐或金属采样管从顶部进口放入槽车内，放到所需位置采上、中、下部位样品并按一定比例混合成平均样品。也可采全液位样品。

在同一槽车上将上述 a 或 b 中所采得的样品混合成平均样品，作为一列车的代表性样品。

④ 船舱采样。把采样瓶放入船舱内降到所需位置采上、中、下部位样品，以等体积混合成平均样品。对装载相同产品的整船货物采样时，可把每个舱采得的样品混合成平均样品。当舱内物料比较均匀时可采一个混合样或全液位样作为该舱的代表性样品。以上采样都要防静电危险，用铜制采样设备或让被采样容器接地泄放静电后采样。

⑤ 从输送管道采样。

1）从管道出口端采样。周期性地在管道出口端放置一个样品容器，容器上放只漏斗以防外溢。采样时间间隔和流速成反比，混合体积和流速成正比。

2）探头采样。如管道直径较大，可在管内装一个合适的采样探头。探头应尽量减小分层效应和被采液体中较重组分下沉。

3）自动管线采样器采样。当管线内流速变化大，难以用人工调整探头流速接近管内线速度时，可采用自动管线采样器采样。

（2）稍加热即成为流动态的化工产品。

这是一种在常温下为固体，当受热时就易变成流动的液体而不改变其化学性质的产品。这种产品的采样最好是在生产厂的交货容器灌装后立即采取液体样品。必须从交货容器中采样时，可把容器放入热熔室中使产品全部熔化后采液体样品或劈开包装采固体样品。

（3）黏稠液体。

黏稠液体是有流动性但又不易流动的液体。这类产品在容器中采样难以混匀，最好在生产厂的交货容器灌装过程中采样。必须从交货容器中采样时，要先打开每个选定的容器，除去保护性包装后检查产品的均一性及相分离情况。如果产品呈均匀状态或通过搅拌能达到均匀状态时，用金属采样管或其他合适的采样器从容器内不同部位采得部位样品，混合成平均样品。

（4）多相液体。

多相液体指含有可分离液相或固相的液体。如乳液、悬浮液、浆状液等和一种或两种液相与一种或多种固相所组成的化工产品。

均匀悬浮液可以按常温下为流动态的液体采样程序进行采样。如果产品中有可分离相，可能呈现悬浮状态，也可能迅速沉降形成沉淀层，对这类产品来说是属于正常情况。如果不能使这种沉淀重新悬浮就不可能按正常的液体采样进行。

5．试样的制备

根据所采物料的试样类型对试样进行相应的处理。一般原始样品量大于实验室样品需要量，因而必须把原始样品量缩分成2～3份小样。一份送实验室检测，另一份保留，在必要时封送一份给买方。

样品装入容器后必须立即贴上标签，填写采样报告。根据试样的性质进行适当的处理和保存。

6．采样注意事项

（1）样品容器必须清洁、干燥、严密。

（2）采样设备必须清洁、干燥，不能用与被采取物料起化学作用的材料制造。

（3）采样过程中防止被采物料受到环境污染和变质。

（4）采样者必须熟悉被采产品的特性、安全操作的有关知识及处理方法。

六、型式检验

1．型式检验

型式检验又称例行检验，是对产品质量进行全面考核，即对产品标准中规定的技术要求全部进行检验（必要时，还可增加检验项目）。

一般在下列情况之一时，应进行型式检验：

（1）新产品或者产品转厂生产的试制定型鉴定。

（2）正式生产后，如结构、材料、工艺有较大改变，考核对产品性能影响时。

（3）正常生产过程中，定期或积累一定产量后，周期性地进行一次检验，考核产品质量稳定性时。

（4）产品长期停产后，恢复生产时。

（5）出厂检验结果与上次型式检验结果有较大差异时。

（6）国家质量监督机构提出进行型式检验的要求时。

可见，型式检验主要适用于产品定型鉴定和评定产品质量是否全面地达到标准和设计要求。很多产品标准中，要注明型式检验，明确型式检验的条件和规则等内容，也有些产品不必进行型式检验。

2．如何进行型式检验

产品归口检测依据“检验中心经政府认定的承检范围”确定。企业可在具有承检资格的检验中心自行选择。对检验中心归口的受检目录不明确的，以书面形式递交请示报告到受理办，由受理办转主管部门答复确定后通知企业。

七、工业浓硝酸中硫酸含量的测定

1. 测定原理

样品蒸发后，剩余硫酸在指示剂存在下，用氢氧化钠标准滴定溶液滴定。

2. 测定步骤

用移液管移取 25 mL 样品置于瓷蒸发皿中并置于沸水浴上，蒸发到硝酸除尽（直到获得油状残渣为止），为使硝酸全部除尽，加 2～3 滴甲醛溶液，继续蒸发至干，待蒸发皿冷却后，用水冲洗蒸发皿内的油状物，定量移入 250 mL 锥形瓶中，加 2 滴甲基红-次甲基蓝混合指示液，用氢氧化钠标准滴定溶液滴定至溶液呈现灰色为终点。

项目二　工业氢氧化钠的分析检验

项目内容

氢氧化钠（sodium hydroxide），分子式为 NaOH，俗称烧碱、火碱、苛性钠。市售氢氧化钠有固态和液态两种：纯固体氢氧化钠呈白色，有块状、片状、棒状、粒状，质脆；纯液体氢氧化钠为无色透明液体。

氢氧化钠极易溶于水，溶解度随温度的升高而增大，溶解时能放出大量的热，288 K 时其饱和溶液浓度可达 16.4 mol/L（1:1）。它的水溶液有涩味和滑腻感，溶液呈强碱性，能与酸性物质反应，具备碱的一切通性。氢氧化钠还易溶于乙醇、甘油；但不溶于乙醚、丙酮、液氨。

氢氧化钠具有强腐蚀性，对纤维、皮肤、玻璃、陶瓷等有腐蚀作用。溅到皮肤上，会腐蚀表皮，造成灼伤。碱液触及皮肤，可用 5%～10%硫酸镁溶液清洗；如溅入眼睛里，应立即用大量硼酸水溶液清洗；少量误食时立即用食醋、3%～5%乙酸或 5%稀盐酸、大量橘汁或柠檬汁等中和，给饮蛋清、牛奶或植物油并迅速就医，禁忌催吐和洗胃。

大量接触氢氧化钠时应佩戴防护用具，工作服或工作帽应用棉布或适当的合成材料制作。操作人员必须经过专门培训，严格遵守操作规程，工作时必须穿戴工作服、口罩、防护眼镜、橡皮手套、橡皮围裙、长筒胶靴等劳保用品。

氢氧化钠放在空气中就会迅速吸收空气中的水分子而溶解生成氢氧化钠溶液（即潮解），对其必须密封保存，且要用橡胶瓶塞。

工业用氢氧化钠现行的标准是国家标准 GB 209—2006；高纯氢氧化钠现行的标准是国家标准 GB/T 11199—2006；化纤用氢氧化钠现行的标准是国家标准 GB/T 11212—2013；食品添加剂氢氧化钠现行的标准是国家标准 GB 5175—2008。本项目中依据国家标准 GB 209—2006 实施分析检验。该标准指出产品外观：固体（包括片状、粒状、块状等）氢氧化钠主体为白色，有光泽，允许微带颜色；液体氢氧化钠为稠状液体。并规定了工业氢氧化钠的指标要求，固体氢氧化钠的指标见表 2-1，液体氢氧化钠的指标见表 2-2。

表 2-1 固体 NaOH 指标

项目	型号规格					
	IS-IT					
	I			II		
	优等品	一等品	合格品	优等品	一等品	合格品
氢氧化钠（以 NaOH 计）的质量分数/%	≥99.0	≥98.5	≥98.0	72.0±2.0		
碳酸钠（以 Na_2CO_3 计）的质量分数/%（≤）	0.5	0.8	1.0	0.3	0.5	0.8
氯化钠（以 NaCl 计）的质量分数/%（≤）	0.03	0.05	0.08	0.02	0.05	0.08
三氧化二铁（以 Fe_2O_3 计）的质量分数/%（≤）	0.005	0.008	0.01	0.005	0.008	0.01

项目	型号规格					
	IS-DT					
	I			II		
	优等品	一等品	合格品	优等品	一等品	合格品
氢氧化钠（以 NaOH 计）的质量分数/%	≥96.0		≥ 95.0		72.0 ± 2.0	
碳酸钠（以 Na_2CO_3 计）的质量分数/%（≤）	1.2	1.3	1.6	0.4	0.8	1.0
氯化钠（以 NaCl 计）的质量分数/%（≤）	2.5	2.7	3.0	2.0	2.5	2.8
三氧化二铁（以 Fe_2O_3 计）的质量分数/%（≤）	0.008	0.01	0.02	0.008	0.01	0.02

项目	型号规格		
	IS-CT		
	I		
	优等品	一等品	合格品
氢氧化钠（以 NaOH 计）的质量分数/%	≥ 97.0		≥ 94.0
碳酸钠（以 Na_2CO_3 计）的质量分数/%（≤）	1.5	1.7	1.5
氯化钠（以 NaCl 计）的质量分数/%（≤）	1.1	1.2	1.1
三氧化二铁（以 Fe_2O_3 计）的质量分数/%（≤）	0.008	0.01	0.008

表 2-2 液体 NaOH 指标

项目	型号规格					
	IL-IT					
	I			II		
	优等品	一等品	合格品	优等品	一等品	合格品
氢氧化钠（以 NaOH 计）的质量分数/%	45.0			30.0		
碳酸钠（以 Na_2CO_3 计）的质量分数/%（≤）	0.2	0.4	0.6	0.1	0.2	0.4
氯化钠（以 NaCl 计）的质量分数/%（≤）	0.02	0.03	0.05	0.005	0.008	0.01
三氧化二铁（以 Fe_2O_3 计）的质量分数/%（≤）	0.002	0.003	0.005	0.000 6	0.000 8	0.001

项目	型号规格				
	IL-DT				
	I			II	
	优等品	一等品	合格品	一等品	合格品
氢氧化钠（以 NaOH 计）的质量分数/%	42.0			30.0	
碳酸钠（以 Na_2CO_3 计）的质量分数/%（≤）	0.3	0.4	0.6	0.3	0.5
氯化钠（以 NaCl 计）的质量分数/%（≤）	1.6	1.8	2.0	4.6	5.0
三氧化二铁（以 Fe_2O_3 计）的质量分数/%（≤）	0.003	0.006	0.01	0.005	0.008

项目	型号规格		
	IL-CT		
	I		
	优等品	一等品	合格品
氢氧化钠（以 NaOH 计）的质量分数/%	45.0		42.0
碳酸钠（以 Na_2CO_3 计）的质量分数/%（≤）	1.0	1.2	1.6
氯化钠（以 NaCl 计）的质量分数/%（≤）	0.7	0.8	1.0
三氧化二铁（以 Fe_2O_3 计）的质量分数/%（≤）	0.01	0.02	0.03

符号说明：CT——通常指苛化法生产的氢氧化钠，但不限于此工艺；DT——通常指隔膜法生产的氢氧化钠，但不限于此工艺；IT——通常指离子交换膜法生产的氢氧化钠，但不限于此工艺；IL——液体氢氧化钠；IS——固体氢氧化钠。

工业用氢氧化钠产品按照国家标准《工业用氢氧化钠》（GB 209—2006）中规定的进行测定。该标准规定了工业氢氧化钠的试验方法，包括氢氧化钠含量、碳酸钠含量、氯化钠含量、三氧化二铁含量的测定方法。

工作任务

任务一　工业氢氧化钠分析准备工作

一、样品的采集和制备

1．工业用固体氢氧化钠样品的采集和保存

（1）桶装样。

铁桶包装的固体氢氧化钠产品按单批总桶数的 5% 随机抽样，小批量时不得少于 3 桶，顺桶竖接口处剖开桶皮，将氢氧化钠劈开，自上、中、下三处迅速采取有代表性的样品，装于清洁、干燥的聚乙烯瓶或具塞的广口瓶中，密封。样品量约 500 g。

生产企业可在包装前采取有代表性的熔融氢氧化钠为实验室样品，进行检验。

如因取样方法不同，影响产品质量而发生异议时，以破桶取样为准。当供需双方对产品质量发生异议时，以破桶取样为准。

（2）袋装样。

袋装的固体氢氧化钠产品，当总袋数小于 500 时，取样袋数按表 1-4 的规定选取；大于 500 时，按 $3\times\sqrt[3]{N}$（N 为总的包装数）的规定选取具有代表性的样品。将采取的样品混匀，装于清洁、干燥的聚乙烯瓶或具塞的广口瓶中，密封。样品量约 500 g。

生产企业可在包装线上采取有代表性的氢氧化钠为实验室样品，进行检验。当供需双方对产品质量发生异议时，以破袋取样为准。

2．工业用液体氢氧化钠样品的采集和保存

工业用液体氢氧化钠样品的采取需选用适宜的采样器自槽车或贮槽的上、中、下三处（上部离液面 1/10 液层、下部离底层 1/10 液层）采取等量的、有代表性的样品，将采取的样品混匀，装于清洁、干燥的聚乙烯瓶或具塞的广口瓶中，密封。样品量约 500 mL。

生产企业可在充分混匀的成品贮槽采样口采取有代表性的氢氧化钠为实验室样品，进行检验。当供需双方对产品质量发生异议时，以收到的槽车或贮槽经搅拌混匀后从上、中、下三处采取有代表性的样品为准。

二、工业氢氧化钠的检验规则

（1）工业氢氧化钠指标要求中规定的四项检验项目全部为型式检验项目，其中 IS-IT 型、IL-IT 型的氢氧化钠含量、氯化钠含量为型式检验项目中的出厂检验项目，其余为型式检验项目中的抽检项目。IS-DT 型、IS-CT 型、IL-DT 型和 IL-CT 型的氢氧化钠含量、碳酸钠含量、氯化钠含量为型式检验项目中的出厂检验项目，其余为型式检验项目中的抽检项目。如有下述情况：停产后复产、生产工艺有较大改变（如材料、工艺条件等）、合同规定等，应进行型式检验。在正常生产情况下，每月至少进行一次型式检验。

（2）出厂的氢氧化钠产品应由生产企业的质量监督检验部门进行检验，并附有质量证明书，内容包括：生产企业名称、产品名称、型号规格、质量指标、等级、批号或生产日期、执行标准号。未满足要求的工业用氢氧化钠产品不得声明符合国家标准 GB 209—2006。

（3）用户有权按国家标准 GB 209—2006 的规定对收到的氢氧化钠产品进行检验，验证其质量是否符合要求。

（4）检验结果如有一项指标不符合国家标准 GB 209—2006 的要求，应重新加倍在包装单元中采取有代表性的样品进行复检。复检结果中有一项指标不符合要求，则该批产品为不合格品。

三、工业氢氧化钠的标志、包装、运输、贮存及安全

1．标志、标签

出厂的氢氧化钠产品的外包装上应有明显牢固的标志，内容包括：生产企业名称、地址、产品名称、商标、执行标准号、型号规格、批号或生产日期、净质量和生产许可证编号及 GB 190—2006 中规定的“腐蚀品”标志。固体氢氧化钠产品还应有 GB/T 191—2008 中规定的“怕雨”标志。

2．包装

（1）铁桶包装的固体氢氧化钠产品按 GB/T 15915—2007 规定执行。每桶净质量为（200±2）kg。

（2）袋装的片状、粒状、块状等固体氢氧化钠产品，内袋宜用聚乙烯、聚丙烯薄膜袋，外袋宜用聚乙烯、聚丙烯编织袋（或覆膜袋）或牛皮纸袋。每袋净质

量为（25.0±0.25）kg。也可按相关规定采用其他包装形式。包装袋及封口应保证产品在正常贮运中不污染、不泄漏、不破损。

（3）液体氢氧化钠产品用专用槽车或贮槽装运，包装容器不得污染产品。

3．运输、贮存

（1）运输过程中防止撞击。袋装氢氧化钠产品避免包装损坏、受潮、污染。不可与酸性物品混装运输。

（2）固体（包括片状、粒状和块状等）氢氧化钠产品应贮存于干燥、清洁的仓库内。液体氢氧化钠产品应用贮槽贮存。防止碰撞及与酸性物品接触。

4．安全要求

氢氧化钠产品具有强腐蚀性，使用者有责任采取适当的安全和健康措施，接触人员应佩戴防护眼镜和胶皮手套等劳动保护用具。

四、定性检验

1．试剂

硝酸银溶液（17 g/L）；盐酸；铂丝。

2．检验

（1）固体氢氧化钠应为白色，允许略带浅色光头的结块。液体氢氧化钠外观应为白色液体，但由于杂质的存在，有时为青黄甚至赤褐色液体。

（2）样品水溶液加硝酸银溶液（17 g/L），有棕色沉淀产生（证明有氢氧根）。

（3）取铂丝，用盐酸处理润湿后，蘸取少许样品，在无色火焰中燃烧，火焰即呈鲜黄色（证明有钠盐）。

任务二　工业氢氧化钠中氢氧化钠和碳酸钠含量的测定

一、测定原理

1．氢氧化钠含量的测定

试样溶液中先加入氯化钡，将碳酸钠转化为碳酸钡沉淀，然后以酚酞为指示剂，用盐酸标准滴定溶液滴定至终点。反应如下：

$$Na_2CO_3 + BaCl_2 \longrightarrow BaCO_3 \downarrow + 2NaCl$$

$$NaOH + HCl \longrightarrow NaCl + H_2O$$

2．碳酸钠含量的测定

试样溶液以溴甲酚绿-甲基红混合指示剂为指示剂，用盐酸标准滴定溶液滴定至终点，测得氢氧化钠和碳酸钠总和，再减去氢氧化钠含量，则可测得碳酸钠含量。

二、仪器、试剂

1．试剂

（1）盐酸标准滴定溶液：c（HCl）= 1 mol/L。

（2）氯化钡溶液：100 g/L，使用前，以酚酞为指示剂，用氢氧化钠溶液调至微红色。

（3）酚酞指示剂：10 g/L。

（4）溴甲酚绿-甲基红混合指示剂：将三份 1 g/L 溴甲酚绿的乙醇溶液和一份 2 g/L 甲基红的乙醇溶液混合。

2．仪器

（1）磁力搅拌器。

（2）实验室常规仪器。

三、测定步骤

1．试样溶液的制备

用已知质量、干燥、洁净的称量瓶，迅速从样品瓶中移取固体氢氧化钠 9 g（精确至 0.000 1 g）。将已称取的样品用蒸馏水洗入烧杯中，并用蒸馏水冲洗称量瓶，洗液合并于烧杯中，转移到 250 mL 容量瓶中。冷却至室温后稀释到刻度，摇匀。

2．氢氧化钠含量的测定

量取 50.00 mL 试样溶液，注入 250 mL 具塞三角瓶中，加入 10 mL 氯化钡溶液，加入 2～3 滴酚酞指示剂，在磁力搅拌器搅拌下，用盐酸标准滴定溶液密闭滴定至微红色为终点。记下滴定所消耗标准滴定溶液的体积为 V_1。

3．氢氧化钠和碳酸钠含量的测定

量取 50.00 mL 试样溶液，注入 250 mL 具塞三角瓶中，加入 10 滴溴甲酚绿-甲基红混合指示剂，在磁力搅拌器搅拌下，用盐酸标准滴定溶液密闭滴定至酒红色为终点。记下滴定所消耗标准滴定溶液的体积为 V_2。

四、分析结果的表述

1．氢氧化钠含量的计算

以质量百分数表示的氢氧化钠（NaOH）含量 X_1 按下式计算：

$$X_1(\%)=\frac{cV_1\times 0.040\,00}{m\times 50/250}\times 100=20.00\times\frac{cV_1}{m}$$

式中，c —— 盐酸标准滴定溶液的实际浓度，mol/L；

V_1 —— 测定氢氧化钠所消耗盐酸标准滴定溶液的体积，mL；

m —— 试样的质量，g；

0.040 00 —— 与 1.00 mL 盐酸标准滴定溶液[c（HCl）= 1.000 mol/L]相当的以克表示的氢氧化钠（NaOH）的质量。

2．碳酸钠含量的计算

以质量百分数表示的碳酸钠（Na_2CO_3）含量 X_2 按下式计算：

$$X_2(\%)=\frac{c(V_2-V_1)\times 0.052\,99}{m\times 50/250}\times 100=26.50\times\frac{c(V_2-V_1)}{m}$$

式中，c —— 盐酸标准滴定溶液的实际浓度，mol/L；

V_1 —— 测定氢氧化钠所消耗盐酸标准滴定溶液的体积，mL；

V_2 —— 测定氢氧化钠和碳酸钠所消耗盐酸标准滴定溶液的体积，mL；

m —— 试样的质量，g；

0.052 99 —— 与 1.00 mL 盐酸标准滴定溶液[c（HCl）= 1.0 mol/L]相当的以克表示的碳酸钠（Na_2CO_3）的质量。

3．允许差

取平行测定结果的算术平均值为报告结果。平行测定结果的绝对值之差不超过下列数值：氢氧化钠（NaOH）：0.1%；碳酸钠（Na_2CO_3）：0.05%。

任务三　工业氢氧化钠中氯化钠含量的测定

一、测定原理

在 pH=2～3 的溶液中，强电离的硝酸汞标准滴定溶液将氯离子转化为弱电离的氯化汞，用二苯偶氮碳酰肼作指示剂，与稍过量的二价汞离子生成紫红色的络合物即为终点。

二、仪器、试剂

1. 试剂

（1）硝酸溶液：1+1，NO_2^-含量高时，对滴定终点有明显的干扰，当发现滴定终点变化不明显时，硝酸溶液需重新配制。

（2）硝酸溶液：2 mol/L。

（3）氢氧化钠溶液：2 mol/L。

（4）氯化钠（基准试剂）标准溶液：0.05 mol/L。

称取在 500℃下干燥 1 h 至恒量并置于干燥器中冷却后的氯化钠 2.922 1 g（精确至 0.000 1 g），然后将其置于 1000 mL 容量瓶中，用水稀释至刻度、摇匀。

（5）硝酸汞标准滴定溶液：$c\,[1/2\ Hg(NO_3)_2] = 0.05$ mol/L。

① 溶液的制备。称取（5.43±0.01）g 氧化汞（HgO），置于烧杯中，加 20 mL 硝酸溶液（1+1），加少量水（必要时过滤），将溶液移入 1 000 mL 容量瓶中，用水稀释至刻度、摇匀。

或者称取（8.56±0.01）g 硝酸汞[$Hg(NO_3)_2 \cdot H_2O$]置于烧杯中，加 8 mL 硝酸溶液（2 mol/L），加少量水，将溶液移入 1 000 mL 容量瓶中，用水稀释至刻度、摇匀。

② 溶液的标定。移取 25.00 mL 氯化钠标准溶液，置于 250 mL 三角瓶中，加 40 mL 水，再加 3 滴溴酚蓝指示剂溶液，逐滴加入硝酸溶液（2 mol/L），使溶液由蓝色变为黄色，加 1 mL 二苯偶氮碳酰肼指示剂溶液，用待标定的硝酸汞标准滴定溶液滴定至溶液由黄色变成紫红色为终点。同时以水做空白试验。

硝酸汞标准滴定溶液的实际浓度按下式计算：

$$c = \frac{m \times \dfrac{25}{1\,000}}{M\dfrac{(V - V_0)}{1\,000}} = \frac{m}{M(V - V_0)} \times 25$$

式中，c —— 硝酸汞标准滴定溶液的实际浓度，mol/L；

m —— 氯化钠基准试剂的质量，g；

V —— 测定消耗的硝酸汞标准滴定溶液的体积，mL；

V_0 —— 空白消耗的硝酸汞标准滴定溶液的体积，mL；

M —— 氯化钠的摩尔质量（$M = 58.443$ g/mol）。

（6）硝酸汞标准滴定溶液：$c\,[1/2\ Hg(NO_3)_2] = 0.005$ mol/L。

吸取标定后的硝酸汞标准滴定溶液（0.05 mol/L）50.00 mL，置于 500 mL 容量瓶中，加水稀释[稀释时应补加适量的硝酸溶液（1+1）以防止硝酸汞分解]至刻度，摇匀。

（7）溴酚蓝指示剂：1 g/L。

（8）二苯偶氮碳酰肼指示剂：5 g/L。

2．仪器

（1）微量滴定管：2 mL、5 mL。

（2）实验室常规仪器。

三、测定步骤

1．试样溶液的制备

用已知质量干燥、洁净的称量瓶迅速从样品瓶中称取固体氢氧化钠试样 36 g±1 g（精确至 0.000 1 g）。将称取的样品置于已盛有约 300 mL 水的 1 000 mL 容量瓶中，冲洗称量瓶，将洗液加入容量瓶中，冷却至室温后稀释至刻度，摇匀。

2．测定

量取试样溶液 50.00 mL，置于 250 mL 三角瓶中，加 40 mL 水，缓慢地加入 5 mL 硝酸溶液（1+1），冷却至室温后，加 3 滴溴酚蓝指示剂溶液，则溶液呈蓝色，再逐滴加入硝酸溶液（1+1），使溶液由蓝色变为黄色，逐滴加入氢氧化钠溶液，使溶液由黄色变为蓝色，逐滴加入硝酸溶液（2 mol/L），使溶液由蓝色变为黄色，加 1 mL 二苯偶氮碳酰肼指示剂，用硝酸汞标准滴定溶液（0.005 mol/L）滴定至溶液由黄色变成紫红色为终点。同时以水做空白实验。

滴定后的含汞废液应保留，集中处理。

3．含汞废液的处理方法

为了防止含汞废液的污染，应将汞量法测定氯化钠后所得的废液集中进行处理。

（1）处理原理。

在碱性介质中，用过量的硫化钠沉淀汞，用过氧化氢氧化过量的硫化钠，防止汞以多硫化物的形式溶解。

（2）处理方法。

将废液收集于约 50 L 的容器中，当废液量达 40 L 左右时，依次加入 400 mL 工业氢氧化钠溶液（质量分数为 40%）、100 g 硫化钠（$Na_2S \cdot 9H_2O$），搅匀。10 min 后慢慢加入 400 mL 过氧化氢溶液（质量分数为 30%），充分混合，放置 24 h 后将上部清液排入废水中，沉淀物转入另一容器中，回收。

（3）硫化汞的说明。

硫化汞（又名辰砂）沉淀物的溶度积常数为 3×10^{-52}，可认为它不溶于水，对人体本身无害。

四、分析结果的表述

1．氯化钠含量的计算

氯化钠（NaCl）含量以质量分数 X 计，数值以%表示，按下式计算：

$$X=\frac{cM\times\frac{(V-V_0)}{1\,000}}{m\times\frac{50}{1\,000}}=\frac{2(V-V_0)cM}{m}$$

式中，c —— 硝酸汞标准滴定溶液的实际浓度，mol/L；

V —— 测定消耗的硝酸汞标准滴定溶液的体积，mL；

V_0 —— 空白测定消耗的硝酸汞标准滴定溶液的体积，mL；

m —— 试样的质量，g；

M —— 氯化钠的摩尔质量（M = 58.443 g/mol）。

2．允许差

取平行测定结果的算术平均值为报告结果。平行测定结果之差的绝对值不超过下列数值（氯化钠质量分数为 X）：X<0.10%：0.005%；X≥0.10%：0.02%。

任务四　工业氢氧化钠中铁含量的测定

一、测定原理

用抗坏血酸将试样溶液中 Fe^{3+}还原成 Fe^{2+}，在 pH 为 4～6 时，Fe^{2+}同 1，10-菲啰啉生成橘红色络合物，该络合物在波长 510 nm 下测定其吸光度，反应式如下：

$$2Fe^{3+}+C_6H_8O_6\longrightarrow 2Fe^{2+}+C_6H_6O_6+2H^+$$

$$Fe^{2+}+3C_{12}H_8N_2\longrightarrow [Fe(C_{12}H_8N_2)_3]^{2+}$$

二、仪器、试剂

1．试剂

（1）盐酸溶液：1+3。

（2）氨水溶液：1+9。

（3）硫酸。

（4）抗坏血酸溶液：10 g/L。

（5）乙酸–乙酸钠缓冲溶液：pH = 4.5。

称取164 g无水乙酸钠，溶于500 mL水中，加240 mL冰乙酸，稀释至1 000 mL。

（6）铁标准溶液：1 mL 含有 0.200 mg 铁。

称取 1.727 g 十二水硫酸铁铵[$NH_4Fe(SO_4)_2 \cdot 12H_2O$]，准确至 0.000 1 g，溶于 200 mL 水中，加入 20 mL 硫酸（1+1）溶液，冷却至室温，移入 1 000 mL 容量瓶中，稀释至刻度，摇匀。

（7）对硝基酚溶液：2.5 g/L。

（8）1，10-菲啰啉溶液：1 g/L，溶液要避光保存，若溶液有颜色，则不能使用。

2．仪器

（1）分光光度计。

（2）实验室常规仪器。

三、测定步骤

1．标准曲线的绘制

（1）铁标准溶液的配制（1 mL 含有 0.010 mg 铁）。

取 25.00 mL 铁标准溶液（1 mL 含有 0.200 mg 铁），移入 500 mL 容量瓶中，稀释至刻度，摇匀。该溶液要在使用前配制。

（2）标准参比液的配制。

根据试样溶液中预计的铁含量，按表 2-3 指出的范围在一系列 100 mL 容量瓶中分别加入给定体积的铁标准溶液（1 mL 含有 0.010 mg 铁），分别在每个容量瓶中加入约 60 mL 水，加 0.2 mL 盐酸（1+3），然后加入 1 mL 抗坏血酸、20 mL 乙酸 —— 乙酸钠缓冲溶液及 10 mL 的 1，10-菲啰啉溶液，用水稀释至刻度、摇匀。静置 10 min。

表 2-3 标准参比液的配制

试样溶液中预计的铁含量/μg			
25～250		10～100	
铁标准溶液/mL	对应的铁含量/μg	铁标准溶液/mL	对应的铁含量/μg
0[a]	0	0[a]	0
3.00	30	0.50	5
5.00	50	1.00	10
7.00	70	2.00	20

试样溶液中预计的铁含量/μg			
25～250		10～100	
铁标准溶液/mL	对应的铁含量/μg	铁标准溶液/mL	对应的铁含量/μg
9.00	90	3.00	30
11.00	110	4.00	40
13.00	130	5.00	50

[a]试剂空白溶液

（3）标准参比液吸光度的测定。

以不加铁标准溶液的参比液调整仪器的吸光度为零，在波长 510 nm 处，按所测样品铁含量范围选用相应规格的比色皿，见表 2-4，测定标准参比液的吸光度。

表 2-4 三氧化二铁的质量分数与比色皿规格对照

三氧化二铁的质量分数/%	比色皿规格/cm	三氧化二铁的质量分数/%	比色皿规格/cm
＜0.005	5	0.005～0.01	2 或 3
0.01～0.015	2 或 1	0.015～0.03	1 或 0.5

（4）标准曲线的绘制。

以 100 mL 标准参比液所含铁的质量（mg）为横坐标，与其相应的吸光度为纵坐标绘制标准曲线。

2．样品的测定

（1）试样溶液的制备。

用称量瓶称取 10～15 g 固体氢氧化钠样品，准确至 0.000 1 g。将称取样品移入 500 mL 烧杯中，加水溶解至约 120 mL，加 2～3 滴对硝基酚指示剂溶液，用盐酸中和至无色，再过量 1 mL，煮沸 5 min，冷却至室温后移入 250 mL 容量瓶中，用水稀释至刻度，摇匀。然后进行显色处理。

（2）空白溶液的制备。

在 500 mL 烧杯中，加入 120 mL 水和与中和试样溶液等量的盐酸，加入 2～3 滴对硝基酚指示剂溶液，然后用氨水中和至浅黄色，逐滴加入盐酸调至溶液为无色，再过量 1 mL，煮沸 5 min，冷却至室温，移入 250 mL 容量瓶中，用水稀释至刻度，摇匀。然后进行显色处理。

（3）显色。

取 50.00 mL 试样溶液移入 100 mL 容量瓶中，用盐酸溶液（1+3）或氨水溶液（1+9）调整 pH 值约为 2（用精密 pH 试纸检查）。加 1 mL 抗坏血酸、20 mL

乙酸 -乙酸钠缓冲溶液及 10 mL 的 1，10-菲啰啉溶液，用水稀释至刻度，摇匀。静置 10 min。

另取 50.00 mL 空白溶液移入 100 mL 容量瓶中，用盐酸溶液（1+3）或氨水溶液（1+9）调整 pH 值约为 2（用精密 pH 试纸检查）。加 1 mL 抗坏血酸、20 mL 乙酸-乙酸钠缓冲溶液及 10 mL 的 1，10-菲啰啉溶液，用水稀释至刻度，摇匀。静置 10 min。

（4）试样吸光度的测定。

用上述显色后的空白试验溶液调整仪器的吸光度为零，测定上述显色以后的试样溶液的吸光度。

四、分析结果的表述

1．三氧化二铁的质量分数

铁含量以三氧化二铁的质量分数 w 计，以%数值表示，按下式计算：

$$w = 1.4297 \times \frac{m_2 \times 10^{-6}}{m_1 \times 50/250} \times 100\% = 1.4297 \times \frac{5m_2 \times 10^{-6}}{m_1} \times 100\%$$

式中，m_1 —— 试样的质量；

m_2 —— 与扣除空白后的试样吸光度相对应的由标准曲线上查得的铁的质量，μg；

1.429 7 —— 铁与三氧化二铁的折算系数。

2．允许差

取平行测定结果的算术平均值为报告结果。平行测定结果之差的绝对值不应超过下列数值：$w_1 \leqslant 0.0020\%$：0.000 1%；$w_1 > 0.0020\%$：0.000 5%。

知识链接

一、工业氢氧化钠生产原料及应用

工业氢氧化钠的生产工艺有多种，所以生产原料也有所不同。

氢氧化钠的用途十分广泛，在化学实验中，除了用做试剂以外，由于它有很强的吸水性和潮解性，还可用做碱性干燥剂。氢氧化钠在国民经济中有广泛应用，许多工业部门都需要氢氧化钠。使用氢氧化钠最多的部门是化学药品的制造，其次是造纸、炼铝、炼钨、人造丝、人造棉和肥皂制造业。另外，在生产染料、塑料、药剂及有机中间体，旧橡胶的再生，制金属钠、水的电解以及无机盐生产中，制取硼砂、铬盐、锰酸盐、磷酸盐等，也要使用大量的氢氧化钠。

二、工业氢氧化钠生产工艺

氢氧化钠的生产方法有两种：一种是化学法或称苛化法，另一种是电解法。

1．苛化法生产氢氧化钠

氢氧化钠的生产具有悠久的历史，早在中世纪人们就发现了存在于盐湖中的纯碱，后来发明了以纯碱水溶液与石灰乳为原料，通过苛化反应生成氢氧化钠（NaOH）的方法即苛化法，反应式如下：

$$Na_2CO_3 + Ca(OH)_2 \longrightarrow CaCO_3 + 2NaOH$$

苛化法生产过程分为：化碱、苛化、澄清、蒸发四个工序。可得30%或40%NaOH的浓卤，经澄清后得液体氢氧化钠产品。另外，还可再经升膜蒸发和氢氧化钠锅熬浓、装桶、冷却得到 96%～97%的固体氢氧化钠产品。这种方法的优点是没有 Cl_2 产生，但成本高，只适宜小规模生产。又因为电解法制得的氢氧化钠纯度高，还可以得到氯气和氢气，所以苛化法已被电解法取代。

2．电解法生产氢氧化钠

根据电解槽结构、电极材料和隔膜材料的区别，电解法又分为：隔膜法（简称 D 法）、水银法（简称 M 法）和离子交换膜法（简称 I.M.法）。这些方法的电解原理基本相同，即饱和食盐水在直流电作用下，阴离子在阳极上发生氧化反应，阳离子在阴极上发生还原反应，其反应为：

阳极 $$2Cl^- - 2e \longrightarrow Cl_2\uparrow$$

阴极 $$2H_2O + 2e \longrightarrow H_2\uparrow + 2OH^-$$

总反应 $$2NaCl + 2H_2O \longrightarrow 2NaOH + \underset{\text{阴极}}{H_2\uparrow} + \underset{\text{阳极}}{Cl_2\uparrow}$$

（1）隔膜法。

1890 年，在德国，首先出现隔膜法。隔膜法是利用多孔渗透性的材料作为电解槽内的隔层，以分隔阳极产物和阴极产物的电解方法。

这种方法生产效率低，能耗高，产品质量差，隔膜所用的细微石棉纤维对人体和环境有很大危害，所以近年来随着先进工艺的引进，新建的氯碱生产装置一般不采用此方法，而采用离子膜电解法。

（2）水银法。

1892 年美国人 K.Y.Castner 和奥地利人 C.Keuner 同时提出水银法，它是利用流动的水银层作为阳极，在直流电作用下使电解质溶液的阳离子成为金属析出，与水银形成汞齐，而与阳极的产物分开来生产氯气和烧碱的方法。

这种方法的优点是生产的碱液浓度大，纯度高，可以直接利用；缺点是槽电压高，浪费能源，电解槽及汞的价格高，水银（易挥发、有毒）对环境有严重的污染。

（3）离子交换膜法。

20 世纪 50 年代，在有机高分子材料研究进展的推动下，电解法制碱技术引进高分子材料，开始研究离子交换膜（简称离子膜）法电解制碱技术。1966 年美国杜邦公司开发出了化学稳定性能良好的离子交换膜，并于 1975 年开始在日本工业化生产。

离子膜法是用阳离子交换膜将电解槽隔成阳极室和阴极室。这层膜只允许钠离子穿透，而对氢氧根离子起阻止作用，另外还能阻止氯化钠的扩散。食盐溶液在电场作用下，钠离子经过膜的传递至阳极侧与氢氧根离子生成氢氧化钠，而带负电的氯离子被隔离在阳极室，从而达到生产低盐、高浓度氢氧化钠产品，同时得到联产氯气和氢气的目的。

这种方法具有能耗低、产品质量高、装置占地面积小、生产能力大及能适应电流波动大等优点，另外还可以根除水银、石棉对环境的污染。所以，被公认为是氯碱工业的发展方向，20 世纪 80 年代以来，新建的氯碱厂普遍采用离子膜法制碱工艺。

① 盐水一次精制及过滤。原盐经溶解后，加入过量的氢氧化钠和碳酸钠，使盐水中钙、镁等杂质离子分别生成难溶的沉淀物。经澄清、砂滤后，得到一次精制盐水，然后加入适量的 *d*-纤维素助滤剂，再经过一次精密过滤，使盐水中的悬浮物含量$\leqslant 10^{-6}$。

② 盐水二次精制。将上述过滤后的合格盐水，送入螯合树脂塔进行螯合处理，使盐水中的 Ca^{2+}、Mg^{2+}杂质含量$\leqslant 2\times 10^{-10}$，然后将二次精制盐水送离子膜电解槽。

③ 精盐水电解。将合格的二次精制盐水送入离子膜电解槽阳极侧，在电解槽的阴极侧，加入与碱相当的纯水量。在直流电作用下电解，在阴极侧流出规定浓度的氢氧化钠，然后经冷却、计量后送成品槽。

④ 氢、氯产品。电解槽里阴极上方生成的氢气和在阳极上方生成的氯气，分别送氢处理和氯处理后，生产相应的氢、氯产品。

三、离子膜法生产工业氢氧化钠的工艺流程

离子膜法生产工业氢氧化钠的工艺流程见图 2-1。

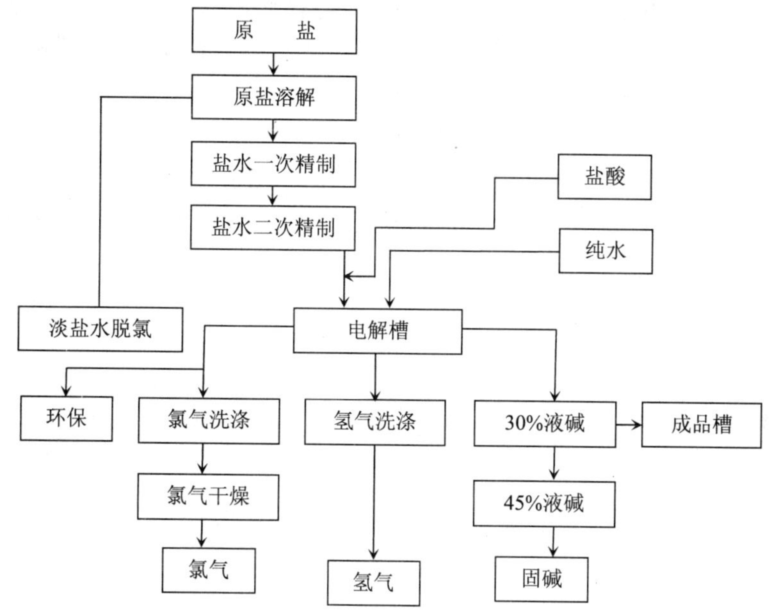

图 2-1　离子膜法氢氧化钠生产工艺流程

控制点分析项目：① 一次盐水中氯化钠、氢氧化钠和碳酸钠、次氯酸钠、铁、悬浮固体等含量的测定；② 二次盐水中氯酸钠、钙、铁等含量的测定；③ 纯水中铁、钙、硅等含量的测定；④ 高纯盐酸中铁、钙、镁、氯含量及总酸度的测定；⑤ 碱液中氢氧化钠和碳酸钠、氯化钠含量的测定；⑥ 盐水（循环）中氯化钠、钙、铁、硫酸根等含量的测定；⑦ 电解液中氢氧化钠和碳酸钠、氯化钠、三氧化二铁等含量的测定；⑧ 氢气中氧、氢含量的测定；⑨ 氯气中氯气纯度、杂质含量的测定；⑩ 成品分析。

四、固体化工产品的采集和制备

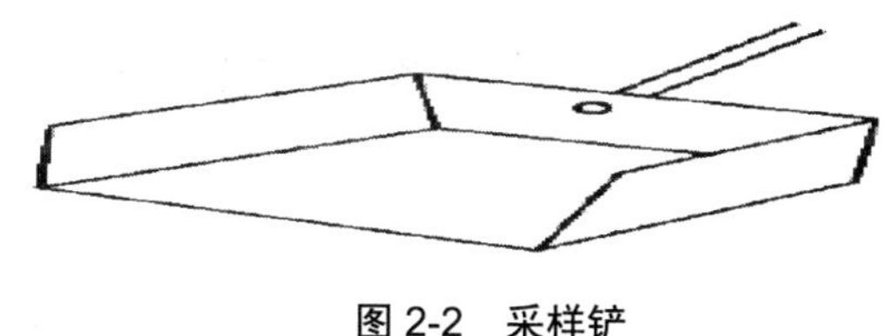

图 2-2　采样铲

固体物料种类繁多，形状各异，其均匀性很差。采样前，首先应根据物料的类型、采样的目的和采样原则，确定采样单元、样品数、样品量、采样工具及盛装样品的容器等。然后按照规定的采样方案进行操作，以获得有代表性的样品。

1．采样工具固体样品的采样工具常用的有采样铲、采样探子、采样钻、气动探针和真空探针、自动采样器等。

（1）采样铲。

采样铲适用于从物料流中和静止物料中采样。见图 2-2。铲的长和宽均应不小于被采样品最大粒度的 2.5～3 倍，对最大粒度大于 150 mm 的物料可用长×宽为 300 mm×250 mm 的铲。

（2）采样探子。

采样探子适用于粉末、小颗粒、小晶体等固体化工产品采样。采样探子是由一根金属管构成，材质是钢、铜、合金等，依需要而定。管子的一端有一个 T 形手柄，另一端有一个锥形钝点，管子的一侧切掉，使金属管成 U 形，其长度依需要而定。

采样探子分为末端开口的采样探子、末端封闭的采样探子、可封闭的采样探子和关闭式采样探子。见图 2-3。

采样探子采样时，按一定角度插入物料，插入时，应槽口向下，把探子转动两三次，小心地把探子抽回，并注意抽回时应保持槽口向上，再将探子内物料倒入样品容器内。

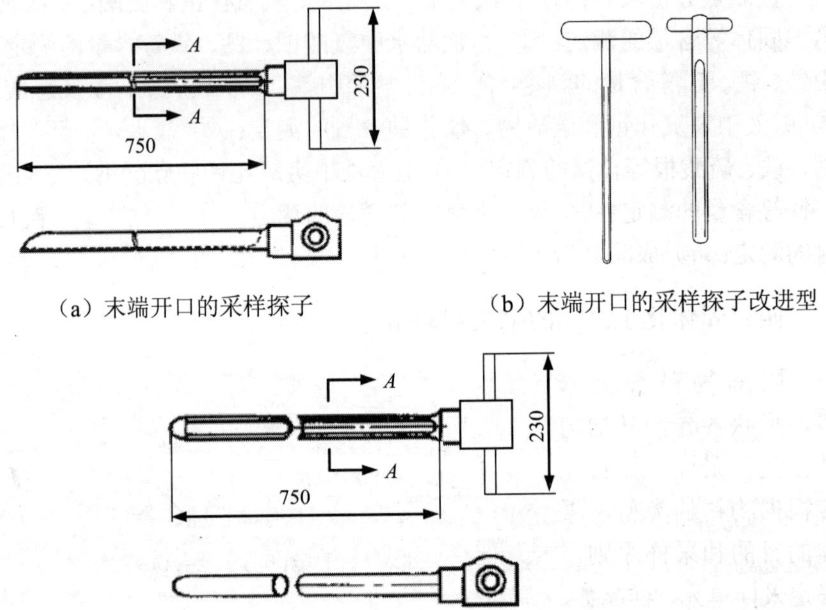

（a）末端开口的采样探子

（b）末端开口的采样探子改进型

（c）末端封闭的采样探子

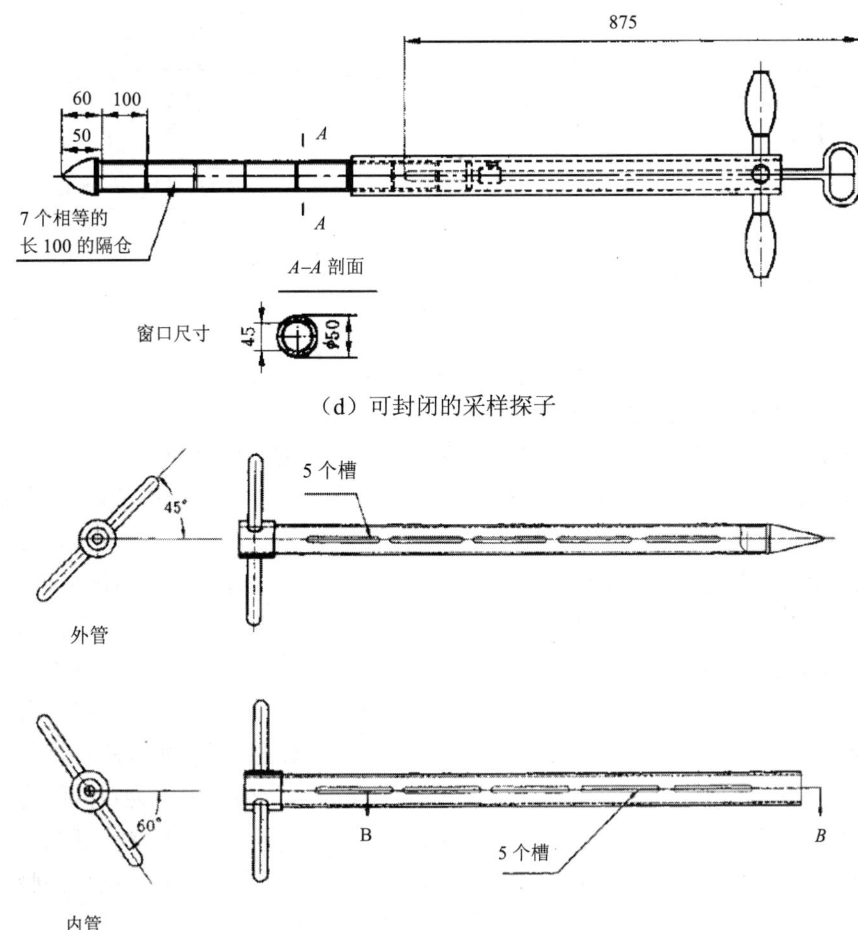

（d）可封闭的采样探子

（e）关闭式采样探子

图 2-3　采样探子

（3）采样钻。

采样钻适用于较坚硬的固体采样。见图 2-4。它是由一个金属圆筒和一个装在内部的旋转钻头构成。

采样时，牢牢地握住外管，旋转中心棒，使管子稳固地进入物料，必要时可稍加压力，以保持均等的穿透速度。到达指定部位后，停止转动，提起钻头，反转中心棒，将所取样品移进样品容器中。

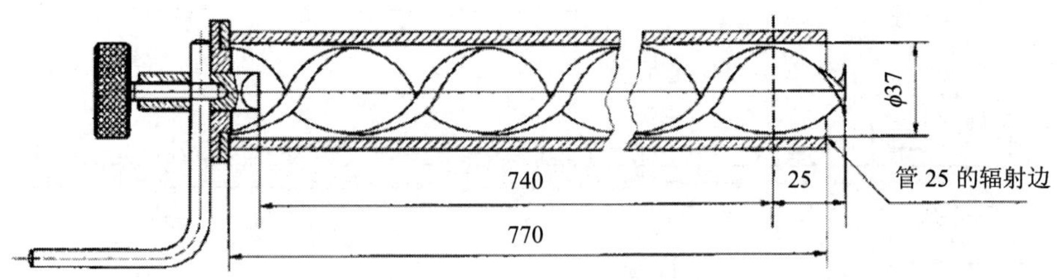

图 2-4 关闭式采样钻

（4）气动探针和真空探针。

气动探针和真空探针适用于粉末和细小颗粒等松散物料的采样。

气动探针是由一个软管将一个装有电动空气提升泵的旋风集尘器和一个由两个同心管组成的探子构成的。见图 2-5。开动空气提升泵，使空气沿着两管之间的环形通路流至探头，并在探头产生气动而带起样品，同时使探针不断地插入物料。

真空探针是由一个真空吸尘器通过装在采样管上的探针把物料插入样品容器中（图 2-6）。容器的盖上装有一个金属网过滤器，阻止空气中的飞尘进入真空吸尘器。探针由内管和一节套筒构成，一端固定在采样管上，另一端开口。套筒可在内管上自由滑动，但受套筒上伸入内管的销子的限制，套筒允许的行程恰能使其上的孔完全开启和关闭。套筒的上部带一个凸缘，采样时由于物料的阻力，使探针处于关闭状态，提取采样管，使内管后滑，由于物料堵住凸缘，套筒不动，使孔开启，把采样管上端连到玻璃样品容器上，使用真空吸尘器，把样品吸入容器中。

2．样品数和样品量的确定

（1）采取样品数的确定。

① 单元物料。当总体物料的单元数小于 500 时，采样单元的选取数，按表 1-4 的规定确定；当总体物料的单元数大于 500 时，采样单元数按总体单元数立方根的三倍数，即 $3\times\sqrt[3]{N}$（N 为总体的单元数）确定。

② 散装物料。当批量小于 2.5 t 时，采样为 7 个单元（或点）；当批量 2.5～80 t 时，采样为 $\sqrt{批量(t)\times20}$ 个单元（或点），计算到整数；当批量大于 80 t 时，采样为 40 个单元（或点）。

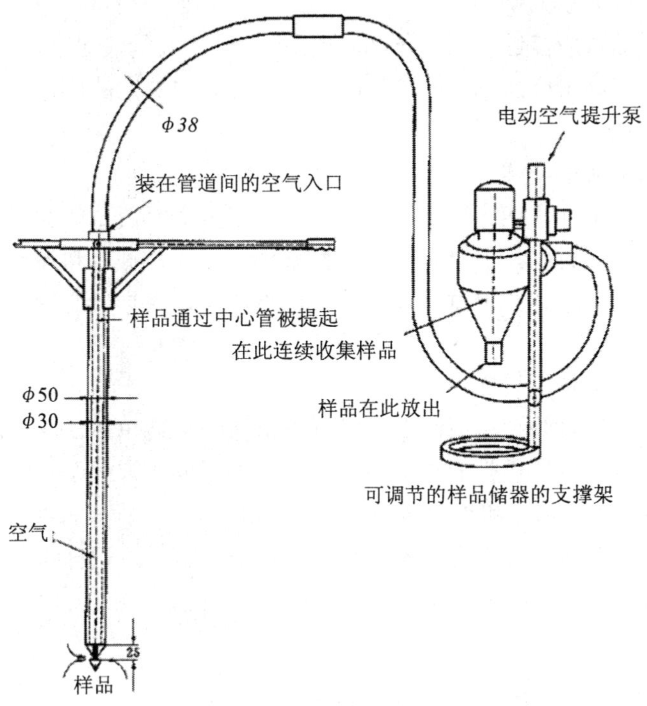

图 2-5 气动探针

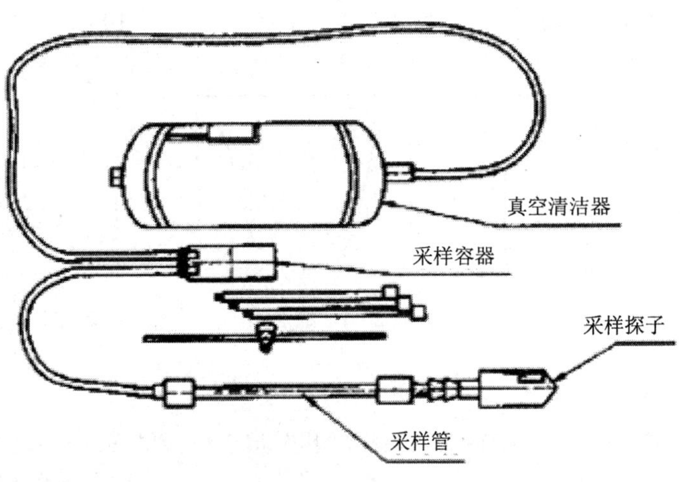

图 2-6 真空探针

（2）采取样品量的确定。

采集的样品量应能够代表总体物料的所有特性，并能满足检验需要的最佳量，可按照《化工产品采样总则》（GB/T 6678—2003）中规定的确定。

3．采样方法

（1）从物料流中采样。

在物料流中采样，应先确定子样数目，再根据物料流量的大小及有效流过时间，均匀分布采样时间，调整采样器工作条件，一次横截物料流的断面采取一个子样。通常采用舌形铲。注意从皮带运输机采样时，采样器必须紧贴皮带，而不能悬空铲取物料。

（2）从运输工具中采样。

常用的运输工具是火车或汽车，发货单位在物料装车后，应立即采样，而用货单位除采用发货单位提供的样品外，还要根据需要布点采样。常用的布点方法为斜线三点法（图 2-7）和斜线五点法（图 2-8）。子样要分布在车皮对角线上，首、末两点距车角各 1 m，其余各点均匀分布于首、末两子样点之间。此外，还有 18 方块法（图 2-9）、棋盘法（图 2-10）、蛇形法（图 2-11）、对角线法（图 2-12）等。

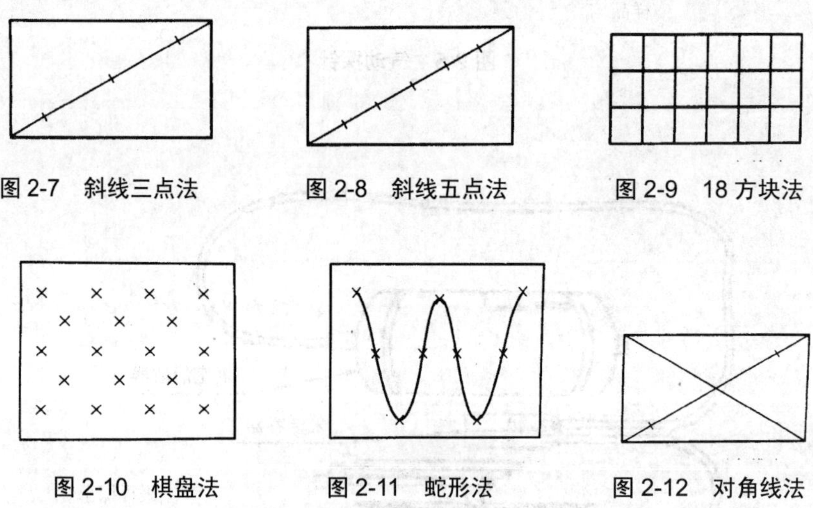

图 2-7　斜线三点法　　图 2-8　斜线五点法　　图 2-9　18 方块法

图 2-10　棋盘法　　图 2-11　蛇形法　　图 2-12　对角线法

（3）从物料堆中采样。

根据物料堆的大小、物料的均匀程度和发货单位提供的基本信息等，核算应采集的子样数目及采样量，然后布点采样。其方法是：在物料堆的周围，从地面起每隔 0.5 m 左右，用铁铲画一横线，然后每隔 1～2 m 画一竖线，间隔选取横竖线的交叉点作为取样点。在取样点取样时，用铁铲将表面刮去 0.2 m，深入 0.3 m 挖取一个子样的物料量，每个子样的最小质量不小于 5 kg。最后合并所采集的子样。见图 2-13。

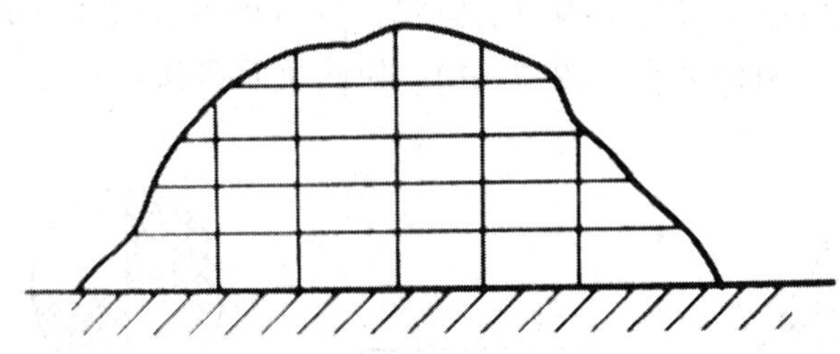

图 2-13 物料堆上采样点的分布

4．试样的制备

样品制备的目的是从较大量的原始样品中获取最佳量的、能满足检验要求的、待测性质能代表总体物料特性的样品。样品制备一般包括破碎、混合和缩分三个阶段。制样中应根据具体情况一次或多次重复操作，直至获得最终样品。

（1）破碎。

破碎是在制样的过程中用机械或人工方法减小样品粒度的过程。目的在于增加不均匀物质的分散程度，减少缩分误差。

破碎的方法有两种。一是手工法，即用研钵或锤子等手工工具粉碎样品；二是机械法，即用适当装置和研磨机械粉碎样品。

筛分是选择目数合适的筛子，手工振动筛子，使所有的试样都通过筛子。如不能通过该筛子，则需要重新进行破碎，直至全部试样都能通过。

（2）混合。

混合是把样品混合均匀的过程，目的是使试样尽可能的均匀化，减少缩分误差。

① 手工方法。根据样品量的大小，选用合适的手工工具（如手铲等）采用堆锥法混合样品。

堆锥法的基本做法为：利用手铲将破碎、筛分后的试样从锥底铲起后堆成圆锥体，再交互地从试样堆两边对角贴底逐铲铲起堆成另一个圆锥，每铲铲起的试样不宜过多，并分两三次撒落在新锥的锥顶，使之均匀地落在锥体四周。如此反复进行三次，即可认为该试样已被混匀。

② 机械方法。用合适的机械混合装置混合样品。

（3）缩分。缩分是将在采样点采得的样品按规定把一部分留下来，其余部分丢弃，以减少试样数量的过程。常用的方法有手工方法和机械方法。

① 手工方法。常用的方法为堆锥四分法。其基本做法为：将混合均匀的样品堆成圆锥形，用薄板压成厚度均匀的饼状，然后将饼状试样分成四等份，取其对面的两份，其他两份丢弃（图 2-14）。如此反复多次，直至得到所需的试样量。

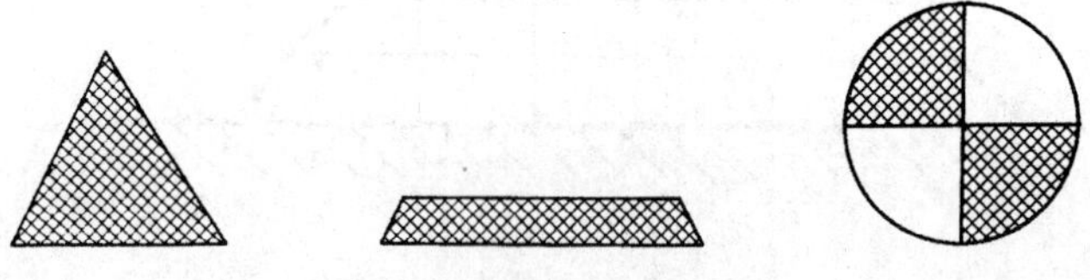

图 2-14 堆锥四分法操作

② 机械方法。用合适的机械分样器缩分样品，如格槽式分样器，见图 2-15。

最终样品的量应满足检测及备考的需要。把样品一般等量分成两份。一份供检测用，另一份留作备考。每份样品量至少应为检验需要量的三倍。

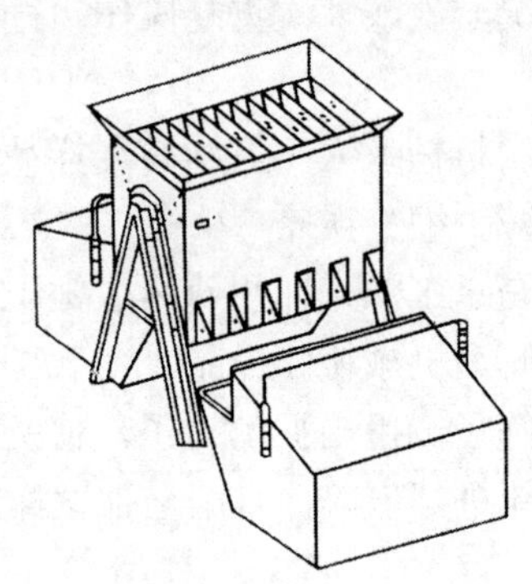

图 2-15 格槽式分样器

五、工业用氢氧化钠中氢氧化钠含量测定的其他方法

对工业用氢氧化钠中氢氧化钠含量的测定还可以用《化纤用氢氧化钠 氢氧化钠含量的测定》（GB/T 11213.1—2007）中规定的方法。

1．测定原理

以甲基橙为指示剂，用盐酸标准滴定溶液滴定测得氢氧化钠和碳酸钠的总碱量（以 NaOH 计），减去碳酸钠含量（以 NaOH 计），即为氢氧化钠的含量。

2．测定步骤

（1）试样溶液制备。

迅速称取相当于氢氧化钠 36～40 g 的固体实验室样品（精确到 0.01 g），溶解于约 200 mL 水中，移入 1 000 mL 容量瓶中，稀释至接近刻度，冷却至室温。稀释至刻度，摇匀。

或称取相当于氢氧化钠 36～40 g 的液体实验室样品（精确到 0.01 g），移入 1 000 mL 容量瓶中，稀释至接近刻度，冷却至室温。稀释至刻度，摇匀。

（2）样品溶液测定。

量取 50.00 mL 试样溶液，置于锥形瓶中，加约 50 mL 的水和 2～3 滴甲基橙指示液，用盐酸标准滴定溶液滴定至溶液由黄色变为橙色为终点。

六、工业用氢氧化钠中碳酸钠含量测定的其他方法

对工业用氢氧化钠中碳酸钠含量的测定还可以用《工业用氢氧化钠—碳酸盐含量的测定 滴定法》GB/T 7698—2014 中规定的方法。这种方法是仲裁法。

该方法适用于碳酸盐（以 Na_2CO_3 计）的质量分数大于或等于 0.02%的产品。通过预实验，样品可分为三类：不含硫化物和氯酸盐的氢氧化钠；含硫化物的氢氧化钠[适用于硫化物（以 Na_2S 计）的质量分数小于 0.1%的产品]；含氯酸盐的氢氧化钠[适用于氯酸盐（以 $NaC1O_3$ 计）的质量分数小于 0.2%的产品]。

对上述三类产品，因含有特殊成分而应采取针对性的分析步骤进行检验。

1．测定原理

（1）不含硫化物和氯酸盐的氢氧化钠。

试料经酸化和加热，放出二氧化碳，导入过量氢氧化钡溶液中吸收，剩余的氢氧化钡以百里香酚酞为指示液，用盐酸标准滴定溶液滴定，至溶液由蓝色变为无色为终点。

（2）含硫化物的氢氧化钠。

试料酸化前先用过氧化氢氧化，然后经酸化和加热，放出二氧化碳，导入过量的氢氧化钡溶液中吸收，剩余的氢氧化钡以百里香酚酞为指示液，用盐酸标准滴定溶液滴定，至溶液由蓝色变为无色为终点。

（3）含氯酸盐的氢氧化钠。

试料预先用硫酸亚铁将氯酸盐还原为氯化物，然后经酸化和加热，放出二氧化碳，导入过量的氢氧化钡溶液中吸收，剩余的氢氧化钡以百里香酚酞为指示液，用盐酸标准滴定溶液滴定，至溶液由蓝色变为无色为终点。

2．测定装置

仲裁法对工业用氢氧化钠中碳酸钠含量的测定装置见图 2-16。

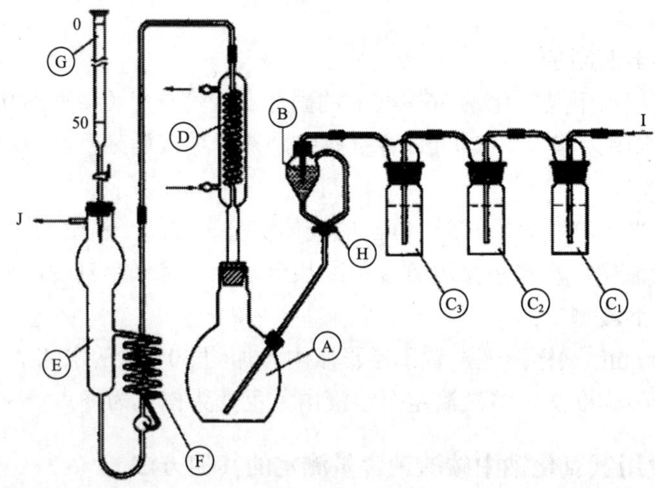

A—平底（或圆底）双口烧瓶；B—分液漏斗；C_1，C_2，C_3—洗气瓶；D—蛇形冷凝器；E—吸收器；F—蛇形吸收管；G—滴定管；H—V 形孔活塞；I，J—氮气或空气的进出口

图 2-16　碳酸钠含量测定装置

七、工业用氢氧化钠中氯化钠含量测定的其他方法

对工业用氢氧化钠中氯化钠含量的测定还可以用《化纤用氢氧化钠 氯化钠含量的测定 分光光度法》（GB/T 11213.2—2007）中规定的方法。

该方法适用于氢氧化钠中氯化钠含量为 0.000 2%～0.02%的产品。

1．测定原理

试样中的氯离子（Cl^-）全部取代硫氰酸汞中的硫氰酸根（SCN^-），被取代的硫氰酸根（SCN^-）与硝酸铁反应生成硫氰酸铁，显红色，在波长 450 nm 处，对有色溶液进行光度测定。反应式如下：

$$2NaCl + Hg(SCN)_2 \longrightarrow HgCl_2 + 2NaSCN$$

$$3NaSCN + Fe(NO_3)_3 \longrightarrow 3NaNO_3 + Fe(SCN)_3$$

2．测定步骤

（1）标准曲线的绘制。

① 标准比色溶液的配制。依次吸取 0.0mL、2.0 mL、4.0 mL、6.0 mL、8.0 mL、10.0 mL、12.0 mL、15.0 mL 氯化钠标准溶液，分别置于 50 mL 容量瓶中，然后，

在每个容量瓶中依次加入 5 mL 硝酸、5 mL 硝酸铁溶液和 20 mL 硫氰酸汞溶液，用水稀释至刻度，摇匀，静置 30 min，显色。

② 标准比色溶液吸光度的测定。用分光光度计，于波长 450 nm 处，以水调整分光光度计零点，选用 4 cm 或 5 cm 吸收池进行吸光度的测定。

③ 标准曲线的绘制。以 50 mL 标准比色溶液中氯化钠的质量（mg）为横坐标，与其对应的吸光度为纵坐标，扣除空白溶液的吸光度，绘制标准曲线。

（2）样品的测定。

① 试样溶液的制备。称取相当于 20 g 氢氧化钠的固体或液体实验室样品，称准至 0.01 g，用水溶于 200 mL 容量瓶中，稀释至刻度。摇匀。

注：当 50 mL 标准比色溶液中氯化钠的质量大于 0.15 mg 时，应对上述试样溶液进行稀释再测定。

② 试样溶液的显色。吸取 10.0 mL 上述试样溶液，置于 50 mL 容量瓶中，加 1～2 滴酚酞作指示剂，在水中边摇边慢慢加入硝酸中和，冷却至室温后，加 5.0 mL 硝酸、5.0 mL 硝酸铁溶液和 20.0 mL 硫氰酸汞溶液，用水稀释至刻度，摇匀，静置 30 min，显色。

③ 空白溶液显色。在 50 mL 容量瓶中，加入少许水，加 1～2 滴酚酞作指示剂，然后加 5.0 mL 硝酸、5.0 mL 硝酸铁溶液和 20.0 mL 硫氰酸汞溶液，用水稀释至刻度，摇匀，静置 30 min，显色。

④ 试样溶液吸光度的测定。用分光光度计，于波长 450 nm 处，以空白溶液调整分光光度计零点，选用 4 cm 或 5 cm 吸收池进行吸光度的测定。

项目三 工业轻质氧化镁的分析检验

项目内容

氧化镁（magnesium oxide），分子式 MgO，也称苦土，是镁的氧化物，一种离子化合物。常温下为白色固体。氧化镁以方镁石的形式存在于自然界中，是冶镁的原料。

因制备方法不同，有轻质氧化镁和重质氧化镁之分。轻质氧化镁所占体积约为重质氧化镁的三倍。

轻质氧化镁是无臭、无味、无毒的白色无定形粉末。难溶于水，不溶于醇，溶于酸或铵盐溶液。在水中的溶解度随着水中的 CO_2 含量增大而增大，吸收空气中的二氧化碳和水生成碱式碳酸镁。熔点为 2 852℃，沸点为 3 600℃，经 1 000℃以上高温灼烧，可转化为晶体。温度升到 1 500℃以上时，则成死烧氧化镁或烧结氧化镁。

重质氧化镁为白色或米黄色粉末。相对密度 3.26～3.43。无臭、无味、无毒。溶于酸和铵盐溶液，不溶于水和乙醇。在空气中易吸收水分和二氧化碳。

工业轻质氧化镁现行的标准是化工行业标准 HG/T 2573—2012。该标准指出工业轻质氧化镁分为两类：I 类主要用于塑料、橡胶、电线、电缆、染料、油脂、玻璃陶瓷等工业；II 类主要用于橡胶轮胎、胶黏剂、制革及燃油抑钒剂等工业。并指出产品外观是白色轻质粉末。而且规定了工业轻质氧化镁的指标要求，见表 3-1。

表 3-1 工业轻质氧化镁指标要求

项目	指标					
	I 类			II 类		
	优等品	一等品	合格品	优等品	一等品	合格品
氧化镁（MgO）的质量分数/%（≥）	95.0	93.0	92.0	95.0	93.0	92.0
氧化钙（CaO）的质量分数/%（≤）	1.0	1.5	2.0	0.5	1.0	1.5
盐酸不溶物的质量分数/%（≤）	0.10	0.20	—	0.15	0.2	—

项目	指标					
	I 类			II 类		
	优等品	一等品	合格品	优等品	一等品	合格品
硫酸盐（以 SO_4^{2-}计）的质量分数/%（≤）	0.2	0.60	—	0.5	0.8	1.0
筛余物（150 μm 试验筛）的质量分数/%（≤）	0	0.03	0.05	0	0.05	0.10
铁（Fe）的质量分数/%（≤）	0.05	0.06	0.10	0.05	0.06	0.10
锰（Mn）的质量分数/%（≤）	0.003	0.010	—	0.003	0.010	—
氯化物（以 Cl 计）的质量分数/%（≤）	0.07	0.20	0.30	0.15	0.20	0.30
灼烧失量的质量分数/%（≤）	3.5	5.0	5.5	3.5	5.0	5.5
堆积密度/（g/mL）（≤）	0.16	0.20	0.25	0.20	0.20	0.25

由碱式碳酸镁、氢氧化镁煅烧制得的工业轻质氧化镁产品按照化工行业标准《工业轻质氧化镁》（HG/T 2573—2012）中规定的进行测定。该标准规定了工业轻质氧化镁的试验方法，包括氧化镁含量、氧化钙含量、盐酸不溶物含量、硫酸盐含量等的测定方法。

工作任务

任务一　工业轻质氧化镁分析准备工作

一、样品的采集和制备

1．工业轻质氧化镁样品的采集

（1）确定批量。

每批产品不超过 10 t。生产企业用相同材料，基本相同的生产条件，连续生产或同一班组生产的同一级别的工业轻质氧化镁为一批。

（2）样品数。

袋装的工业轻质氧化镁样品，当总的包装袋数小于 500 时，取样袋数按表 1-4 的规定选取；大于 500 时，按 $3\times\sqrt[3]{N}$ （N 为总的包装数）的规定选取。

（3）样品量。

取样量不少于 500 g。

（4）采样方法。

采样时，将采样器自包装袋的上方垂直插入至料层深度的 3/4 处采样。将所采的样品混匀，用四分法缩分至所需的样品量。

2．样品的保存

将所采的样品收集于两个清洁、干燥的广口瓶中，密封瓶上粘贴标签，并注明生产厂名、产品名称、类型、等级、批号、采样日期和采样者姓名。一瓶用于检验，另一瓶保存备查，保存时间由生产厂根据实际情况确定。

二、工业轻质氧化镁的检验规则

（1）工业轻质氧化镁指标要求中规定的所有指标项目均为出厂检验项目，应逐批检验。

（2）检验结果中如有指标不符合要求时，应重新自两倍量的包装袋中采样进行复验，复验结果即使只有一项指标不符合要求，则整批产品为不合格。

三、工业轻质氧化镁的标志、包装、运输、贮存

1．标志、标签

工业轻质氧化镁包装袋上要有牢固清晰的标志，内容包括：生产厂名、厂址、产品名称、商标、类别、等级、净含量、批号或生产日期、编号及 GB/T 191—2008 规定的“怕雨”标志。

每批出厂的工业轻质氧化镁都应附有质量证明书，内容包括：生产厂名、厂址、产品名称、商标、类别、等级、净含量、批号或生产日期、产品质量符合 HG/T 2573—2012 的证明和编号。

2．包装

工业轻质氧化镁采用双层包装，内包装采用聚乙烯塑料薄膜袋。外包装为塑料编织袋。每袋净含量 10 kg、20kg 或 25 kg。或者按用户要求进行其他形式的包装。

工业轻质氧化镁包装时，将内袋中的空气排出，用维尼龙绳或其他质量相当的绳扎紧，或用与其相当的其他方式封口；外袋用维尼龙绳线或其他质量相当的线缝口，缝线整齐，针距均匀，无漏缝或跳线现象。

3．运输、贮存

工业轻质氧化镁在运输中应有遮盖物，防止包装损坏，防止雨淋、受潮、暴晒。

工业轻质氧化镁应贮存于阴凉、通风、干燥处，防止雨淋、受潮。

四、定性检验

1．试剂

盐酸溶液（1+1）；氨水；磷酸氢二钠溶液（100 g/L）。

2．检验

（1）外观应为白色轻松的粉状，不溶于水，溶于盐酸。

（2）取样品少许，溶于盐酸溶液后，加入稍过量的氨水至明显碱性，加入磷酸氢二钠溶液，即产生白色晶形沉淀（证明有镁盐）。

$$MgO + 2HCl = MgCl_2 + H_2O$$

$$MgCl_2 + Na_2HPO_4 + NH_4OH = MgNH_4PO_4 \downarrow + 2NaCl + H_2O$$

任务二　工业轻质氧化镁中氧化镁和氧化钙含量的测定

一、测定原理

1．氧化镁含量的测定

用三乙醇胺掩蔽少量三价铁、三价铝和二价锰等离子，在 pH=10 时，以铬黑 T 作指示剂，用乙二胺四乙酸二钠标准滴定溶液滴定钙镁含量，从中减去钙含量，计算出氧化镁含量。

2．氧化钙含量的测定

用三乙醇胺掩蔽少量三价铁、三价铝和二价锰等离子，在 pH=12.5 时，用钙试剂羧酸钠盐作指示剂，用乙二胺四乙酸二钠标准滴定溶液滴定钙离子。

二、仪器、试剂

1．氧化镁含量的测定

（1）试剂。

① 盐酸溶液：1+1。

② 三乙醇胺溶液：1+3。

③ 氨-氯化铵缓冲溶液：pH = 10。

④ 硝酸银溶液：10 g/L。

⑤ 乙二胺四乙酸二钠标准滴定溶液：c（EDTA）= 0.02 mol/L。

⑥ 铬黑 T 固体指示剂。

（2）仪器。

实验室常规仪器。

2．氧化钙含量的测定

（1）试剂。

① 氢氧化钠溶液：100 g/L。

② 三乙醇胺溶液：1+3。

③ 乙二胺四乙酸二钠标准滴定溶液：c（EDTA）= 0.02 mol/L。

④ 钙试剂羧酸钠盐指示剂。

（2）仪器。

实验室常规仪器。

三、测定步骤

1．试样溶液的制备

称取约 5 g 试样，精确至 0.000 2 g，置于 250 mL 烧杯中，用少量水润湿，加入适量盐酸溶液（约 55 mL），搅拌至试样溶解（如果试样部分未溶，可补加少量盐酸溶液使试样溶解完全），盖上表面皿，煮沸 3～5 min，趁热用中速定量滤纸过滤，用热水洗涤至无氯离子（用硝酸银溶液检查）。冷却后将滤液和洗液一并移入 500 mL 容量瓶中，用水稀释至刻度，摇匀，即得试样溶液 A。保留此溶液用于氧化镁含量、氧化钙含量、铁含量及硫酸盐含量的测定。保留滤纸和残渣用于盐酸不溶物含量的测定。

2．氧化镁含量的测定

用移液管移取 25 mL 试验溶液 A，置于 250 mL 容量瓶中，用水稀释至刻度，摇匀。用移液管移取 25 mL 该溶液，置于 250 mL 锥形瓶中，加入 50 mL 水用氨水溶液（1+1）调节溶液的 pH 值至 7～8（用 pH 试纸检验），加 5 mL 三乙醇胺溶液、10 mL 氨-氯化铵缓冲溶液和 0.1 g 铬黑 T 固体指示剂，用乙二胺四乙酸二钠标准滴定溶液滴定至溶液由紫红色变为纯蓝色。

3．氧化钙含量的测定

用移液管移取 50 mL 试验溶液 A，置于 250 mL 锥形瓶中，加 30 mL 水，5 mL 三乙醇胺溶液，摇动下滴加氢氧化钠溶液，当溶液刚出现沉淀物时，加入 0.1 g 钙试剂羧酸钠盐指示剂，继续滴加氢氧化钠溶液至溶液由蓝色变为酒红色，过量 0.5 mL。用乙二胺四乙酸二钠标准滴定溶液滴定至溶液由酒红色变为纯蓝色。

四、分析结果的表述

1．氧化镁含量的测定

氧化镁含量以氧化镁（MgO）的质量百分数 w_1 计，数值以%表示，按下式计算：

$$w_1=\frac{[(V_1-V_2/20)/1\,000]cM}{m\times(25/500)\times(25/250)}\times100=\frac{20(V_1-V_2/20)cM}{m}$$

式中，V_1 —— 滴定所消耗的乙二胺四乙酸二钠标准滴定溶液的体积，mL；

V_2 —— 滴定钙所消耗的乙二胺四乙酸二钠标准滴定溶液的体积，mL；

c —— 乙二胺四乙酸二钠标准滴定溶液的浓度，mol/L；

m —— 试料的质量，g；

M —— 氧化镁（MgO）的摩尔质量（$M=40.30$ g/mol）。

2．氧化钙含量的测定

氧化钙含量以氧化钙（CaO）的质量百分数 w_2 计，数值以%表示，按下式计算：

$$w_2=\frac{(V_2/1\,000)cM}{m\times(50/500)}\times100=\frac{V_2cM}{m}$$

式中，V_2 —— 滴定所消耗的乙二胺四乙酸二钠标准滴定溶液的体积，mL；

c —— 乙二胺四乙酸二钠标准滴定溶液的浓度，mol/L；

m —— 试料的质量，g；

M —— 氧化钙（CaO）的摩尔质量（$M=56.08$ g/mol）。

3．允许差

取平行测定结果的算术平均值为测定结果。氧化镁：两次平行测定结果的绝对差值不大于 0.2%；氧化钙：两次平行测定结果的绝对差值不大于 0.03%。

任务三　工业轻质氧化镁中盐酸不溶物含量的测定

一、仪器

高温炉：能控制温度 850～900℃。

二、测定步骤

将任务二中保留的残渣及滤纸转入已恒重的瓷坩埚中，灰化后，置于高温炉中，于 850～900℃下灼烧至恒重。

三、分析结果的表述

1．盐酸不溶物含量的计算

盐酸不溶物含量以质量百分数 w_3 计，数值以%表示，按下式计算：

$$w_3 = \frac{m_2 - m_1}{m} \times 100$$

式中，m_1 —— 空坩埚的质量，g；

m_2 —— 灼烧后坩埚及残渣的质量，g；

m —— 试样的质量，g。

2．允许差

取平行测定结果的算术平均值为报告结果，平行测定结果的绝对差值不大于 0.02%。

任务四　工业轻质氧化镁中硫酸盐含量的测定

一、测定原理

在微酸性溶液中，加入氯化钡与硫酸根离子生成硫酸钡沉淀，与标准比浊溶液比较浊度。

二、仪器、试剂

1．试剂

（1）盐酸溶液：1+5。

（2）氨水溶液：1+9。

（3）二水氯化钡溶液：100 g/L。

（4）硫酸盐标准溶液：1 mL 溶液含硫酸盐（SO_4^{2-}）0.1 mg。

2．仪器

实验室常规仪器。

三、测定步骤

用移液管移取一定量的试验溶液 A（Ⅰ类优等品移取 10.00 mL、一等品移取 3.30 mL；Ⅱ类优等品移取 4.00 mL、一等品移取 2.50 mL、合格品移取 2.00 mL）

和 2 mL 硫酸盐标准溶液，分别置于 50 mL 比色管中。各加水至约 20 mL，用氨水溶液调整溶液呈中性（用 pH 试纸检查）。加入 1 mL 盐酸溶液、2 mL 氯化钡溶液，加水至刻度，摇匀。置于 40～50℃水浴中，10 min 后比较其浊度。试验溶液所呈浊度不得深于标准比浊溶液。

知识链接

一、工业氧化镁生产原料及应用

生产氧化镁的原料有两大类，一是以白云石、菱镁矿等矿物为原料生产的天然氧化镁；二是以海水、卤水等为原料生产的人造氧化镁。

轻质氧化镁主要用于橡胶制品及氯丁胶胶黏剂的生产，在橡胶制造中氧化镁起吸酸剂及促进剂作用，在氯丁橡胶黏剂中起硫化交联、防焦剂与树脂螯合作用。氧化镁在陶瓷和搪瓷中起降低烧结温度的作用。在砂轮、油漆的制造中作为填充剂。在医药上用作抗酸剂与轻泻剂，用于治疗胃酸过多，胃溃疡和十二指肠溃疡病。在食品加工中可作为增白剂或砂糖精致脱色剂。在农业上最大用途是用作肥料和牲畜的饲料，是植物和动物代谢过程中的主要元素，用作奶牛的饲料时，可防止因缺镁而引起的神经系统机能失调。另外也可以用于玻璃钢、染化药剂、电子工业、绝缘材料工业以及石油添加剂、铸造、酚醛塑料等行业。

重质氧化镁在碾米工业中用于烧制粉磨和半滚筒，建筑工业中用于制造人造化学地板、人造大理石、防热板、隔音板，塑料工业用作填充料，在磁性材料行业用于彩色电视机偏转线圈（铁氧体软磁）和其他铁氧体磙性材料，钢珠抛光行业中做抛光剂，在电器行业中用于做酚醛树脂（电子粉）的原料，在染料行业做对氨基苯酚的生产辅料，还可用于生产其他镁盐。

二、工业轻质氧化镁生产工艺

天然氧化镁的生产工艺有碳化法、煅烧法、纯碱法等；人造氧化镁的生产工艺有碳氨法、纯碱法、碳化氨水法等。

1．白云石-碳化法

煅烧白云石（$MgCO_3$ 和 $CaCO_3$ 的复盐）成白云石灰，加水消化使其中的 MgO 和 CaO 变为 $MgOH_2$ 和 $CaOH_2$，然后通入 CO_2 进行碳化，分离出 $CaCO_3$ 沉淀。溶液通蒸汽热解，生成的碱式碳酸镁经 800℃煅烧制得轻质氧化镁。

分解：

$$MgCO_3 \cdot CaCO_3 = (MgO + CaO) + 2CO_2$$

消化：

$$(MgO + CaO) + 2H_2O = Mg(OH)_2 + Ca(OH)_2$$

碳化：

$$Ca(OH)_2 + CO_2 = CaCO_3 \downarrow + H_2O$$

$$Mg(OH)_2 + CO_2 + 2H_2O = MgCO_3 \cdot 3H_2O$$

$$MgCO_3 \cdot 3H_2O + CO_2 = Mg(HCO_3)_2 + 2H_2O$$

热解：

$$Mg(HCO_3)_2 + 2H_2O = MgCO_3 \cdot 3H_2O + CO_2$$

$$2MgCO_3 \cdot 3H_2O = MgCO_3 \cdot Mg(OH)_2 \cdot 4H_2O + CO_2 + H_2O$$

煅烧：

$$MgCO_3 \cdot Mg(OH)_2 \cdot H_2O = 2MgO + CO_2 + 2H_2O$$

2．菱镁矿-碳化法

这种方法的生产工艺与白云石-碳化法类似。煅烧菱镁矿成苦土（MgO），加水消化、稀释后，通入 CO_2 进行碳化，生成碳酸氢镁，溶解于水后即成重镁水。重镁水通热水分解为碳式碳酸镁，在 850℃煅烧可制得轻质氧化镁。

3．卤水-碳铵法

海水制盐后的卤水中含有 50 g/L 左右的 Mg^{2+}，由于卤水中含有 Na^+、K^+、SO_4^{2-} 等杂质，所以要用氧化剂（如次氯酸钠）预处理卤水。处理后的卤水经稀释后，在不断搅拌下加入碳酸氢铵饱和溶液，得到碳酸镁沉淀，再经煅烧可得轻质氧化镁。

$$2NH_4HCO_3 + MgCl_2 = Mg(HCO_3)_2 + 2NH_4Cl$$

$$Mg(HCO_3)_2 = MgCO_3 + H_2O + CO_2$$

$$MgCO_3 = MgO + CO_2$$

4．卤水-碳化氨水法

这种方法的生产工艺与卤水-碳铵法类似。卤水经净化（加 NaOH 溶液）、过滤、沉淀后，加水稀释，然后再将用水稀释后的碳化氨水加入到其中。待上述沉淀与母液静置一段时间陈化后，得到碱式碳酸镁和氢氧化镁沉淀（以前者为主），经分离后，在 850℃左右煅烧为轻质氧化镁。

碳化氨水的主要成分是$(NH_4)_2CO_3$，其次是 NH_4OH 和 NH_4HCO_3。

5．镁盐-纯碱法

工业纯碱配成溶液加到镁盐溶液（卤水）中，经反应后，得到 $MgCO_3 \cdot 3H_2O$ 沉淀（卤水微过量有利于沉淀过滤），沉淀再加水并用直接蒸汽加热至沸进行热解，将得到的 $MgCO_3$ 转化为轻质碱式碳酸镁后，在 850℃左右煅烧得轻质氧化镁。

$$2MgCl_2 + 2Na_2CO_3 + 6H_2O = MgCO_3 \cdot Mg(OH)_2 \cdot 5H_2O + 4NaCl + CO_2$$

$$MgCO_3 \cdot Mg(OH)_2 \cdot 5H_2O = 2MgO + CO_2 + 6H_2O$$

三、工业轻质氧化镁工艺流程

碳化法的生产成本低，产品的纯度较低，生产流程长，设备投资大。但是由碳化法可以进一步优化得到一系列高效的氧化镁生产工艺，如二次碳化法、加压碳化法、碳氨双循环法等。白云石–碳化法的生产工艺流程见图 3-1。

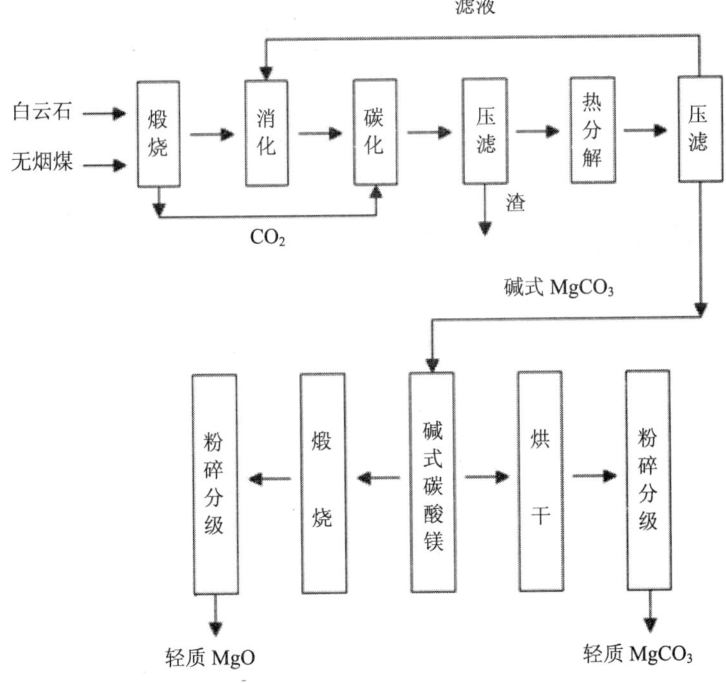

图 3-1 白云石-碳化法工艺流程

碳铵法以碳酸氢铵为辅助原料，蒸发水量较大，热能耗量较大，生产成本高，如以合成氨工厂排放的二氧化碳废气和中间产品氨气为辅助原料，会降低生产成本。卤水–碳铵法的生产工艺流程见图 3-2。

纯碱法的工艺简单，能耗小，制得的氧化镁产品的纯度较高，但使用纯碱会提高生产成本。镁盐-纯碱法的生产工艺流程见图 3-3。

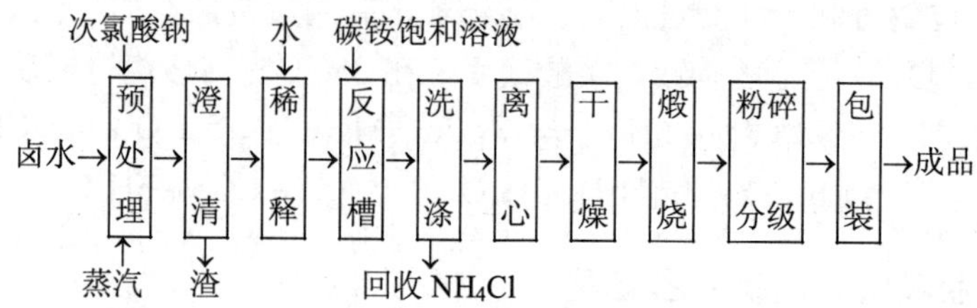

图 3-2 卤水-碳铵法工艺流程

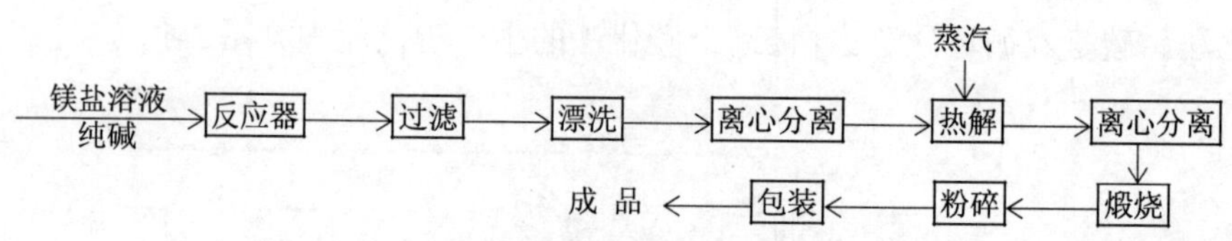

图 3-3 镁盐-纯碱法工艺流程

四、工业轻质氧化镁中其他指标项目的测定

1．筛余物的测定

（1）仪器。

① 试验筛：R 40/3 系列，ϕ200×50–0.15/0.1。

② 软毛刷：毛长约 3 cm，刷宽 3～5 cm。

（2）测定步骤。

称取约 10 g 试样，精确至 0.01 g。移入试验筛中，用软毛刷轻刷试料，使粉末通过，最后，在筛子下垫一张黑纸，刷筛至所垫黑纸上没有试料痕迹。将筛余物移到已知质量的表面皿中称量，精确至 0.000 2 g。

（3）分析结果的表述。

① 筛余物以质量分数 w_4 计，数值以%表示，按下式计算：

$$w_4 = \frac{m_2 - m_1}{m} \times 100$$

式中，m_1 —— 表面皿的质量，g；

m_2 —— 表面皿及筛余物的质量，g；

m —— 试料的质量，g。

② 允许差。取平行测定结果的算术平均值为测定结果，平行测定结果的绝对差值不大于 0.005%。

2．铁含量的测定

（1）测定原理。

用抗坏血酸将试液中的 Fe^{3+}还原成 Fe^{2+}。在 pH=2～9 时，Fe^{2+}与邻菲啰啉生成橙红色络合物，在分光光度计最大吸收波长（510 nm）处测定其吸光度。在特定的条件下，络合物在 pH=4～6 时测定。

（2）试剂。

① 盐酸溶液：180 g/L。

② 氨水溶液：85 g/L。

③ 乙酸-乙酸钠缓冲溶液：pH = 4.5（20℃）。

④ 抗坏血酸溶液：100 g/L。

⑤ 邻菲啰啉-盐酸水合物（$C_{12}H_8N_2·HCl·H_2O$），或邻菲啰啉-水合物（$C_{12}H_8N_2·H_2O$）溶液：1 g/L。

⑥ 铁标准溶液：1 mL 含有 0.200 mg 铁。

称取 1.727 g 十二水硫酸铁铵[$NH_4Fe(SO_4)_2·12H_2O$]，精确至 0.001 g，用约 200 mL 水溶解，定量转移至 1 000 mL 容量瓶中，加 20 mL 硫酸溶液（1+1），稀释至刻度并混匀。

或称取 0.200 g 纯铁丝（质量分数为 99.9%），精确至 0.001 g，放入 100 mL 烧杯中，加 10 mL 浓盐酸。缓慢加热至完全溶解，冷却，定量转移至 1 000 mL 容量瓶中，稀释至刻度并混匀。

（3）仪器。

① 分光光度计。

② 实验室常规仪器。

（4）测定步骤。

① 标准曲线的绘制。

a. 铁标准溶液的配制（1 mL 含有 20 μg 铁）。移取 50.0 mL 铁标准溶液（1 mL 含有 0.200 mg 铁）至 500 mL 容量瓶中，稀释至刻度并混匀。该溶液现用现配。

b. 标准参比液的配制。根据试液中预计的铁含量，按照表 3-2 指出的范围在一系列 100 mL 容量瓶中，分别加入给定体积的铁标准溶液。分别在每个容量瓶中，用水稀释至约 60 mL，用盐酸溶液调至 pH 为 2（用精密 pH 试纸检查）。加 1 mL 抗坏血酸溶液，加 20 mL 乙酸-乙酸钠缓冲溶液和 10 mL 邻菲啰啉溶液，用水稀释至刻度，摇匀。放置不少于 15 min。

c．标准参比液吸光度的测定。以不加铁标准溶液的参比液调整仪器的吸光度为零，在波长 510 nm 处，选用 3 cm 的比色皿，测定标准参比液的吸光度。

d．标准曲线的绘制。以 100 mL 标准参比液所含铁的质量（mg）为横坐标，与其相应的吸光度为纵坐标绘制标准曲线。

表 3-2　标准参比液配制

试液中预计的铁含量/μg					
50～500		25～250		10～100	
铁标准溶液/mL	对应的铁含量/μg	铁标准溶液/mL	对应的铁含量/μg	铁标准溶液/mL	对应的铁含量/μg
0	0	0	0	0	0
2.50	50	3.00	60	0.50	10
5.00	100	5.00	100	1.00	20
10.00	200	7.00	140	2.00	40
15.00	300	9.00	180	3.00	60
20.00	400	11.00	220	4.00	80
25.00	500	13.00	260	5.00	100

② 样品的测定。

a．试样溶液（空白溶液）的制备。用移液管移取 20 mL 试样溶液 A 置于 100 mL 容量瓶中，加水至约 60 mL，再用盐酸溶液或氨水溶液调至 pH 为 2（用精密 pH 试纸检查）。加 1 mL 抗坏血酸溶液、20 mL 乙酸-乙酸钠缓冲溶液和 10 mL 邻菲啰啉溶液，用水稀释至刻度，摇匀。放置不少于 15 min。

空白溶液除不加试样外，其他操作及加入试剂的种类和量与试样溶液完全相同，并与试样溶液同样处理。

b．试样吸光度的测定。用上述显色后的空白试验溶液调整仪器的吸光度为零，测定上述显色以后的试样溶液的吸光度。然后根据标准曲线，找出试样溶液所含铁的质量（mg）。

（5）分析结果的表述。

① 铁含量以铁（Fe）的质量分数 w_5 计，数值以%表示，按下式计算：

$$w_5 = \frac{m_1/1\,000}{m \times 20/500} \times 100\%$$

式中，m_1 —— 从工作曲线上查得的试样溶液中铁的质量，mg；

m —— 试料的质量，g。

② 允许差。取平行测定结果的算术平均值为测定结果，平行测定结果的绝对差值不大于 0.005%。

3．锰含量的测定

（1）测定原理。

在磷酸存在的强酸性介质中，用高碘酸根将二价锰离子氧化成紫红色的高锰酸根离子，用分光光度计在最大吸收波长（525 nm）下，测量其吸光度。

（2）试剂。

① 磷酸。

② 高碘酸钾。

③ 硝酸溶液：1+1。

④ 锰标准溶液：1 mL 含有 1 mg 锰。

称量 1.374 g 于 400～500℃灼烧至恒重的无水硫酸锰，溶于水，移入 500 mL 容量瓶中，稀释至刻度，摇匀。

或称量 1.538 g 硫酸锰（$MnSO_4 \cdot H_2O$），溶于水，移入 500 mL 容量瓶中，稀释至刻度，摇匀。

或称量 0.100 g 高纯金属锰，溶于 10 mL 硝酸溶液（1+1）中，水浴上蒸发近干，加入 5 mL 盐酸溶液（1+9），再在水浴上蒸发近干，加入 20 mL 盐酸溶液（1+9）溶解，移入 100 mL 容量瓶中，稀释至刻度，摇匀。

⑤ 锰标准溶液：1 mL 含有 0.050 mg 锰。

用移液管移取 5 mL 锰标准溶液（1 mL 含有 1 mg 锰），置于 100 mL 容量瓶中，用水稀释至刻度，摇匀。现用现配。

（3）仪器。

① 分光光度计：配有厚度为 3 cm 吸收池；

② 实验室常规仪器。

（4）测定步骤。

① 工作曲线的绘制。在一系列 250 mL 烧杯中依次加入 0.00、1.00 mL、2.00 mL、3.00 mL、4.00 mL、5.00 mL 锰标准溶液，各加水至约 40 mL，加入 10 mL 磷酸，0.5 g 高碘酸钾，加热煮沸到高锰酸根的紫红色出现，再微沸 5 min。冷却后，将溶液全部转移至 100 mL 容量瓶中，用水稀释至刻度，摇匀。在 525 nm 波长下，用 3 cm 吸收池，以水调零，测量其吸光度。

从每个标准溶液的吸光度中减去试剂空白溶液的吸光度，以锰质量为横坐标，对应的吸光度为纵坐标，绘制工作曲线。

② 测定。称取约 5 g（一等品约 2 g）试样，精确至 0.001 g。置于 250 mL 高

型烧杯中，用少量水润湿，加入约 35 mL（一等品约需 15 mL）硝酸溶液溶解试样。同时在另一烧杯中加入与溶样等体积的硝酸溶液，加入 10 mL 水，作为空白试验溶液。

将试验溶液和空白试验溶液加热煮沸，趁热用中速定性滤纸过滤，以 50 mL 水分四次洗涤，将滤液和洗液一并收集于 250 mL 烧杯中。再加入 10 mL 磷酸，0.5 g 高碘酸钾，加热煮沸到高锰酸根的紫红色出现，再微沸 5 min。冷却后，将溶液全部转移至 100 mL 容量瓶中，用水稀释至刻度，摇匀。在 525 nm 波长下，用 3 cm 吸收池，以水调零，测量其吸光度。从工作曲线上查出试验溶液和空白试验溶液中锰的质量。

（5）分析结果的表述。

① 锰含量以锰（Mn）的质量分数 w_6 计，数值以%表示，按下式计算：

$$w_6=\frac{(m_1-m_0)/1\,000}{m}\times100=\frac{0.1(m_1-m_0)}{m}$$

式中，m_1 —— 从工作曲线上查得的试样溶液中锰的质量，mg；

m_0 —— 从工作曲线上查得的空白溶液中锰的质量，mg；

m —— 试料的质量，g。

② 允许差。

取平行测定结果的算术平均值为测定结果，两次平行测定结果的绝对差值：优等品不大于 0.000 5%，一等品不大于 0.002%。

4．氯化物含量的测定

（1）测定原理。

在微碱性介质中，用硝酸银标准滴定溶液滴定，试样中氯离子与银离子生成白色氯化银沉淀，过量的硝酸银与铬酸钾生成砖红色铬酸银沉淀指示终点。

（2）试剂。

① 硫酸镁（$MgSO_4\cdot7H_2O$）。

② 硝酸银标准滴定溶液：c（$AgNO_3$）=0.02 mol/L。

③ 铬酸钾溶液：50 g/L。

（3）仪器。

① 微量滴定管：分度值为 0.02 mL 或 0.05 mL。

② 实验室常规仪器。

（4）测定步骤。

称取约 2 g 试样，精确至 0.0002 g，置于 200 mL 烧杯中，加入 50 mL 水，1.0 mL 铬酸钾溶液，0.2 g 硝酸镁，将溶液煮沸后用硝酸银标准滴定溶液滴定至出现微砖红色。同时做空白试验。

（5）分析结果的表述。

① 氯化物含量以氯（Cl）的质量分数 w_7 计，数值以%表示，按下式计算：

$$w_7 = \frac{[(V - V_0)/1\,000]cM}{m} \times 100 = \frac{0.1(V - V_0)cM}{m}$$

式中，V——滴定所消耗的硝酸汞标准滴定溶液的体积，mL；

V_0——滴定空白试验溶液所消耗的硝酸汞标准滴定溶液的体积，mL；

c——硝酸汞标准滴定溶液的浓度，mol/L；

m——试料的质量，g；

M——氯（Cl）的摩尔质量（M = 35.45 g/mol）。

② 允许差。取平行测定结果的算术平均值为测定结果，两次平行测定结果的绝对差值：不大于 0.01%。

5．灼烧减量的测定

（1）测定原理。

在 850～900℃下，试样中的水合碱式碳酸镁或氢氧化镁，转化成氧化镁，同时失去游离水，根据试样减少的质量，确定灼烧减量。

（2）测定步骤。

称取约 1 g 试样，精确至 0.000 2 g，置于已恒重的瓷坩埚中，在 850～900℃下灼烧至恒重。

（3）分析结果的表述。

① 灼烧失量以质量分数 w_8 计，数值以%表示，按下式计算：

$$w_8 = \frac{m_1 - m_2}{m} \times 100$$

式中，m_1——灼烧前坩埚和试样的质量，g；

m_2——灼烧后残余物和坩埚的质量，g；

m——试料的质量，g。

② 允许差。取平行测定结果的算术平均值为测定结果，平行测定结果的绝对差值不大于 0.05%。

6．堆积密度的测定

（1）测定原理。

一定量的试料通过圆锥形漏斗，进入一已知容积的圆柱形料罐中，测定装满料罐所需试料的质量。

（2）仪器。

① 堆积密度测定装置。如图 3-4 所示。

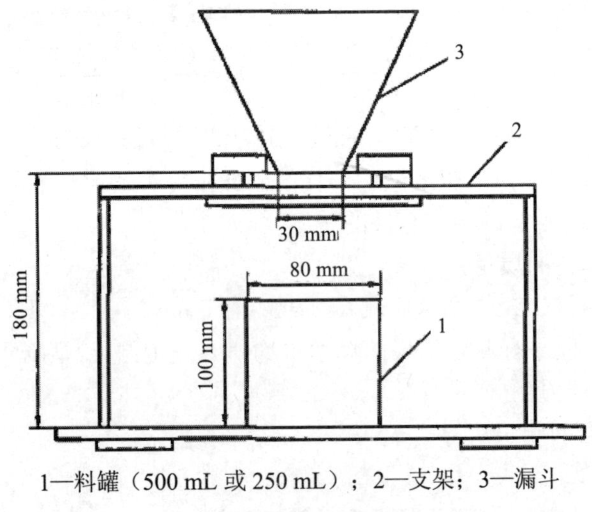

1—料罐（500 mL 或 250 mL）；2—支架；3—漏斗

图 3-4 堆积密度测定装置

② 料罐体积的测定。将料罐洗净、晾干，盖上玻璃片，称量料罐和玻璃片的质量。小心将水倒入料罐中，近满时用滴管加水至全满，盖上玻璃片，用滤纸吸干料罐及玻璃片外部的水，玻璃片与料罐中的水之间应无气泡。再称量料罐和玻璃片的质量。

料罐体积 V，数值以 mL 表示，按下式计算：

$$V = \frac{m_1 - m_2}{\rho_{水}}$$

式中，m_1 —— 灌满水的料罐及玻璃片的质量，g；

m_2 —— 未灌水的料罐及玻璃片的质量，g；

$\rho_{水}$ —— 测定温度下纯水的密度，g/mL，近似为 1 g/mL。

料罐体积每年至少校准一次。

（3）测定步骤。

按图 3-4 安装好堆积密度测定装置。

称量料罐质量，精确至 0.1 g。关好漏斗下底，将试样自然倒满，用直尺刮去高出部分，放好已知质量的料罐，打开漏斗下底，使试料全部自动流入料罐中，用直尺刮去高出部分（刮平前勿移动料罐），称量试料和料罐的质量，精确至 0.1 g。

（4）分析结果的表述。

① 堆积密度以单位体积的质量ρ计，数值以 g/mL 表示，按下式计算：

$$\rho = \frac{m_1 - m_2}{V}$$

式中，m_1—— 料罐和试料的质量，g；

m_2—— 料罐的质量，g；

V—— 料罐的体积，mL。

② 允许差。

取平行测定结果的算术平均值为测定结果，平行测定结果的绝对差值不大于 0.02 g/mL。

五、工业重质氧化镁

工业重质氧化镁现行的标准是化工行业标准 HG/T 2679—2006。该标准指出工业重质氧化镁分为两类：Ⅰ类主要用于化工、橡胶、塑料、建材工业和钢珠抛光行业；Ⅱ类主要用于粮食加工工业、机械工业及建材行业。并指出产品外观是米黄、灰白或土红色粉末。而且规定了工业重质氧化镁的指标要求，见表 3-3。

表 3-3 工业重质氧化镁指标要求

项目		指标			
		Ⅰ类		Ⅱ类	
		一等品	合格品	一等品	合格品
氧化镁（MgO）的质量分数/%（≥）		95.0	93.0	93.0	90.0
氧化钙（CaO）的质量分数/%（≤）		1.0	1.5	—	—
盐酸不溶物的质量分数/%（≤）		0.6	1.0	—	—
三氧化二铁（Fe_2O_3）的质量分数/%（≤）		0.5	1.0	—	—
灼烧失量的质量分数/%（≤）		2.0	3.0	3.5	4.0
筛余物（125 μm 试验筛）的质量分数/%（≤）		0.5	0.5	0.5	0.5
密度/g/mL（≤）		—	—	3.30～3.43	—
凝固时间	初凝时间/min（≥）	—	—	40	40
	终凝时间/h（≤）	—	—	4.0	8.0
抗折强度/MPa（≥）		—	—	10	—

由菱苦土煅烧制得的工业重质氧化镁产品按照化工行业标准《工业重质氧化镁》（HG/T 2679—2006）中的规定进行测定。该标准规定了工业重质氧化镁的试验方法，包括氧化镁含量、氧化钙含量、盐酸不溶物含量、三氧化二铁含量等的测定方法。这些指标的具体检验方法与工业轻质氧化镁相关指标的检验方法相同。

项目四　硫酸铜的分析检验

项目内容

硫酸铜（copper sulfate），分子式 $CuSO_4$，一般为五水合物 $CuSO_4 \cdot 5H_2O$，俗称胆矾。硫酸铜为天蓝色或略带黄色粒状晶体，无臭，密度 2.284 g/cm^3，易溶于水。在空气中，硫酸铜会逐渐风化失去部分结晶水而褪色，258℃时会失去全部结晶水，变成白色无水硫酸铜粉末，吸潮后恢复为原来的蓝色含水硫酸铜。硫酸铜水溶液呈蓝色，显酸性。工业用硫酸铜，一般含量在 96%以上（一级品），含量在 93%的为二级品。

硫酸铜现行的标准是化工行业标准 HG/T 2989—1993（1997）；农用硫酸铜现行的标准是国家标准 GB 437—2009。本项目中依据化工行业标准 HG/T 2989—1993（1997）实施分析检验。该标准将硫酸铜分为农业用和非农业用硫酸铜两种，指出产品外观为蓝色或蓝绿色晶体（若呈现为绿白色粉末，仍有效），无可见外来杂质，并规定了硫酸铜的指标要求，见表 4-1。

表 4-1　硫酸铜指标要求

项目	指标		
	农业用		非农业用
	优等品	合格品	合格品
硫酸铜（$CuSO_4 \cdot 5H_2O$）含量/%（≥）	98.0	96.0	94.0
酸度（以 H_2SO_4 计）/%（≤）	0.1	0.2	0.2
水不溶物/%（≤）	0.2	0.2	0.4

硫酸铜产品按照化工行业标准《硫酸铜》（HG/T 2989—1993（1997））中的规定进行测定。该标准规定了硫酸铜的试验方法，包括硫酸铜含量、游离硫酸含量、水不溶物含量的测定方法。

工作任务

任务一 硫酸铜分析准备工作

一、样品的采集和制备

1．硫酸铜样品的采集

（1）确定批量。

对周期性生产流程的工艺，将生产、加工和存放条件相同的一个工艺周期生产得到的物料视为一批，由生产或加工者用批号标示；对连续性生产流程的工艺，视一个班次生产得到的物料为一批。硫酸铜以不超过每班产量为一批。

（2）样品数。

对已包装好的产品，采样件数取决于被采样产品的包装件总数，规定如下：小于 5 件（包括 5 件），从每个包装件中抽取；6～100 件，从 5 件中抽取；100 件（不包括 100 件）以上，每增加 20 件，增加 1 个采样单元。

（3）样品量。

取样量不少于 250 g。

（4）采样方法。

采样应从包装容器的上、中、下三个部位取出，每个采样单元采样量应不少于 100 g。采得块状的样品应破碎后缩分，最终每份样品应不少于 100 g。对于 500 kg 以上大容器包装的产品，应从不同部位随机取出 15 个份样，混合均匀。

2．样品的保存

将所采的样品收集于聚乙烯袋中，密封，粘贴标签，并注明生产厂名、产品名称、类型、等级、批号、采样日期和采样者姓名。

二、硫酸铜的验收规则

（1）产品出厂前应由质量监督检验部门，按照产品的技术标准进行检验，保证出厂产品的质量均符合要求，生产单位应对产品质量负责。

（2）出厂产品应附有产品质量合格证及标签，内容包括：产品名称、生产厂名称、厂址、生产日期、批号、净重、等级、标准编号、生产许可证（准产证）号、登记号、商标及使用说明。在产品的内外包装标志方面，应符合农药包装通则的各项要求。

（3）在保证期内，收货单位（销售者、用户）有权并应当按照规定，对进货核验并检查所收到的产品是否符合要求，验明产品合格证明，同时销售者在销售产品时，应保证所销售的产品仍应符合产品规定，否则销售者应承担产品质量责任。

（4）收货单位（销售者，用户）应根据产品标准中的包装、标志要求，检查包装容器是否受损、腐蚀、渗漏并核对标志。观察产品是否符合要求，若有异常现象应及时向当事人提出交涉。

（5）收货单位应根据产品标准进行核验。核验结果中，若有一项指标不符合要求，应采用随机取样进行仲裁检验。

三、硫酸铜的标志、包装、贮存和运输

（1）硫酸铜的包装和标志应符合 GB 3796—2006 中的有关规定。

（2）硫酸铜的内包装可用塑料袋、防潮纸。外包装可用麻袋、编织袋或木箱。每袋（箱）净重分 25 kg 与 50 kg 装，也可根据用户要求采用其他的包装。

（3）袋（箱）上注明：生产厂名称、产品名称、等级、批号、生产日期、净重、商标、农药登记号和标准编号。

（4）贮运时严防潮湿和日晒，不得与食物、种子、饲料混放。

（5）保证期：在规定的包装贮存条件下，硫酸铜的保证期，从生产日期算起为两年。两年内硫酸铜的质量仍应符合标准要求。

四、定性检验

1．试剂

氯化钡溶液（50 g/L）；盐酸；氨水溶液（2+3）；亚铁氰化钾溶液（100 g/L）。

2．检验

（1）外观应为蓝色结晶。

（2）取样品水溶液，加氯化钡溶液，即发生白色沉淀，此沉淀在盐酸中不溶解（证明有硫酸盐）。

$$CuSO_4 \cdot 5H_2O + BaCl_2 = BaSO_4 \downarrow + CuCl_2 + 5H_2O$$

（3）取样品水溶液，滴加氨水溶液，即发生淡蓝色沉淀，再加过量氨水，沉淀即溶解，生成深蓝色溶液（证明有铜盐）。

$$2CuSO_4 + 2NH_3 + 2H_2O = Cu_2(OH)_2SO_4 \downarrow + (NH_4)_2SO_4$$

$$Cu_2(OH)_2SO_4\downarrow + (NH_4)_2SO_4 + 6NH_3 = 2[Cu(NH_3)_4]SO_4 \cdot H_2O$$

（4）取样品水溶液，加亚铁氰化钾溶液，即发生红棕色沉淀（证明有铜盐）。

$$2CuSO_4 + K_4Fe(CN)_6 = Cu_2Fe(CN)_6\downarrow + 2K_2SO_4$$

任务二 硫酸铜中硫酸铜含量的测定

一、测定原理

试样用水溶解，在微酸性条件下，加入适量的碘化钾与二价铜作用，析出等当量碘，以淀粉为指示剂，用硫代硫酸钠标准溶液滴定析出的碘。从消耗硫代硫酸钠标准溶液的体积，计算试样中硫酸铜含量。

其离子反应方程式如下：

$$2Cu^{2+} + 4I^- = 2CuI + I_2$$
$$2S_2O_3^{2-} + I_2 = S_4O_6^{2-} + 2I^-$$

二、仪器、试剂

1．试剂

（1）碘化钾。

（2）硝酸：w（HNO_3）= 0.65～0.68。

（3）氟化钠饱和溶液。

（4）乙酸溶液：w（HAc）= 0.36。

（5）碳酸钠饱和溶液。

（6）淀粉溶液：5 g/L。

（7）硫代硫酸钠标准滴定溶液：c（$Na_2S_2O_3$）= 0.2 mol/L。

2．仪器

实验室常规仪器。

三、测定步骤

称取试样约 2 g（精确至 0.000 1 g）于 250 mL 三角瓶中，加 100 mL 水溶解，加 3 滴浓硝酸，煮沸，冷却，逐滴加入饱和碳酸钠溶液，直至有微量沉淀出现为止，然后加入 4 mL 乙酸溶液，使溶液呈微酸性，加 10 mL 饱和氟化钠溶液，5 g

碘化钾，用硫代硫酸钠标准滴定溶液滴定，直至溶液呈现淡黄色，加 3 mL 淀粉溶液，继续滴定至蓝色消失，即为终点。

四、分析结果的表述

1．硫酸铜质量分数的计算

试样中硫酸铜质量分数 X_1 按下式计算：

$$X_1 = \frac{c \times V_1 \times 0.249\,7}{m} \times 100$$

式中，V_1 —— 滴定所消耗的硫代硫酸钠标准滴定溶液的体积，mL；

c —— 硫代硫酸钠标准滴定溶液的浓度，mol/L；

m —— 试料的质量，g。

2．允许差

取平行测定结果的算术平均值为测定结果。两次平行测定结果的绝对差值不大于 0.6%。

任务三　硫酸铜中游离硫酸含量的测定

一、仪器、试剂

1．试剂

（1）饱和酒石酸氢钾溶液 pH = 3.56（25℃）。

（2）氢氧化钠标准滴定溶液：c（NaOH）= 0.02 mol/L。

2．仪器

（1）pH 计（附有电磁搅拌器）。

（2）玻璃电极。

（3）饱和甘汞电极。

（4）滴定管：10 mL，有 0.05 mL 分度。

（5）实验室常规仪器。

二、测定步骤

1．pH 计的校正

仪器给电后，至少应稳定 15 min，而后，将指针调整至零点，再把电极放入标准缓冲溶液中[饱和酒石酸氢钾的 pH，pH = 3.56（25℃），pH = 3.55（30℃）]

将仪器的指针调到该温度下标准缓冲溶液的 pH 读数位置，当标准缓冲溶液的读数不变时，此仪器即可使用。

2．测定

称取试样约 2 g（精确至 0.001 g），置于 100 mL 烧杯中，加入 50 mL 蒸馏水，在电磁搅拌下使试样溶解，并用氢氧化钠标准滴定溶液滴定至 pH 计指针到 4.00，即为终点。

三、分析结果的表述

硫酸铜的酸度 X_2 [%（质量分数）]按下式计算：

$$X_2 = \frac{cV \times 0.049}{m} \times 100$$

式中，V—— 滴定所消耗的氢氧化钠标准滴定溶液的体积，mL；

c—— 氢氧化钠标准滴定溶液的浓度，mol/L；

m—— 试料的质量，g；

0.049 —— 与 1.00 mL 氢氧化钠标准滴定溶液[c（NaOH）= 1.0 mol/L]相当的以克表示的硫酸的质量。

任务四 硫酸铜中水不溶物含量的测定

一、测定步骤

称取 10 g 试样（精确至 0.01 g）置于 200 mL 烧杯中，加 100 mL 蒸馏水和 2 滴浓硫酸，加热使其溶解，趁热用已恒重的 G4 过滤坩埚过滤，以热蒸馏水每次 20 mL 洗涤滤渣（共洗 5 次）。将盛有滤渣的 G4 过滤坩埚，放入 105～110℃烘箱中烘至恒重。

二、分析结果的表述

硫酸铜的水不溶物质量分数 X_3 按下式计算：

$$X_3 = \frac{m_1 - m_2}{m} \times 100$$

式中，m_1—— 过滤坩埚和不溶物的质量，g；

m_2—— 过滤坩埚的质量，g；

m—— 试样的质量，g。

知识链接

一、硫酸铜生产原料及应用

制造硫酸铜的原料主要是硫酸和氧化铜矿，如孔雀石、蓝铜矿等，或废铜。多数铜盐是利用废铜作为原料，如金属加工的下脚（铜屑、铜末等），炼铜时废料或半成品（废渣、电解铜工厂的电解液、硫铁矿烧渣等）。

硫酸铜是一种重要的无机化工产品，分析纯、化学纯级硫酸铜均可以用作化学试剂。工业级硫酸铜在石油化工、电镀等部门有广泛的用途，在化学工业中是用来制取其他铜盐的重要原料。在农业上用作杀虫剂，是防治果树、葡萄和其他植物病害最有效的药剂之一。还可用于电镀铜、木材防腐、制人造纤维、选矿、制革、染料媒染剂、颜料、催化剂。并大量用于有色金属的浮选。

二、硫酸铜生产工艺

1．废铜为原料生产硫酸铜

（1）高温焙烧氧化溶解法。

将废铜在焙烧炉中高温焙烧氧化成氧化铜，然后与稀硫酸反应生成硫酸铜。

$$Cu + \frac{1}{2}O_2 \xrightarrow{600\sim700^\circ C} CuO$$

$$CuO + H_2SO_4 \xrightarrow{90\sim100^\circ C} CuSO_4 + H_2O$$

这种方法能耗高，设备投资和操作费用高，劳动强度大，母液量大，需排放。

（2）氧化剂氧化溶解法。

用氧化剂如硝酸、浓硫酸、过氧化氢等将废铜氧化生成氧化铜，然后与稀硫酸反应生成硫酸铜。

$$3Cu + 2HNO_3 = 3CuO + 2NO\uparrow + H_2O$$

$$Cu + H_2O_2 = CuO + H_2O$$

$$Cu + H_2SO_4 = CuO + SO_2\uparrow + H_2O$$

$$CuO + H_2SO_4 \xrightarrow{90\sim100^\circ C} CuSO_4 + H_2O$$

这种方法在生产过程中伴有大量 NO_x、SO_2 等有害气体逸出，不仅增加了原料消耗，还产生废气，严重污染环境，同样也存在设备投资高、母液量大的问题。

（3）催化剂氧化溶解法。

这种方法目前有两种催化剂可用来生产硫酸铜，一是以铁离子作催化剂，二是以盐酸作催化剂。

$$Cu+\frac{1}{2}O_2\xrightarrow{\text{催化剂}}CuO$$

$$CuO+H_2SO_4=CuSO_4+H_2O$$

以铁离子为催化剂，反应速率慢，母液循环次数少，易形成铁铜硫酸盐混晶，从而影响产品质量；以盐酸为催化剂将氯离子引入反应系统，加重了设备腐蚀，且生产流程长，设备投资大，原料消耗高，操作复杂，生产成本高。

（4）低温空气氧化溶解法。

借助铜蚀助剂作用，在向反应液（用水、硫酸、铜蚀助剂配制而成）中鼓入空气的情况下，铜与稀硫酸在 40～100℃直接反应生成硫酸铜。

$$Cu+H_2SO_4+\frac{1}{2}O_2\xrightarrow[\text{铜蚀助剂}]{40\sim100^{\circ}C}CuSO_4+H_2O$$

这种方法具有操作温度低，反应速率快，母液全部循环，无“三废”排放，物料消耗低，流程短，设备投资少，生产成本低，操作简单等特点。而且克服了高温焙烧氧化的缺点，取消了氧化剂法生产中所需的强氧化剂，避免了生产过程中有害气体的产生，解决了催化氧化法的混晶和设备腐蚀问题，提高了产品质量。与前三种方法相比，降低了原料及能源消耗，提高了原料利用率和铜的利用率。

2．硫酸浸出含铜溶液生产硫酸铜

（1）用酸浸含铜溶液直接生产硫酸铜。

将含铜溶液直接氧化除铁、过滤、蒸发、冷结晶得到硫酸铜产品。这种生产方法的优点是只有一次酸耗，但蒸发溶液能耗大，且对含多组分的浸含铜液难以得到合格产品。因而此法仅适用于电解铜生产厂的含铜酸液和组分单一的氧化铜矿酸浸含铜溶液。

（2）海绵铜生产硫酸铜。

将酸浸含铜溶液中的铜用铁屑置换的海绵铜，经酸洗、水洗、脱水氧化焙烧成氧化铜，再用硫酸在 90～100℃的温度下分解转化、冷却结晶、离心干燥即得产品硫酸铜。

这种方法工艺流程短，工艺条件简单，操作容易，设备投资费用低。母液全部循环利用。但由于海绵铜中金属铜含量一般都很低，生产过程中有一定的废渣需排放，而且母液在循环一定次数后需要除铁，否则影响产品质量。

三、硫酸铜工艺流程

1．废铜为原料生产硫酸铜

废铜为原料生产硫酸铜的工艺大致可分为三个基本工序，即制取颗粒状铜；制取硫酸铜溶液；结晶和干燥。其工艺流程见图 4-1。

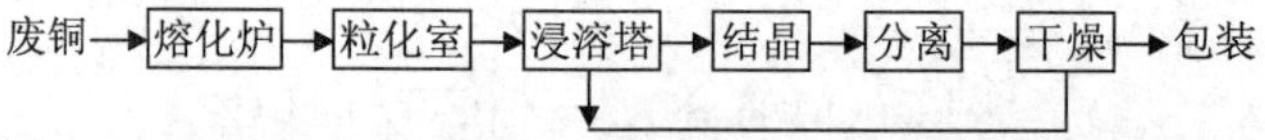

废铜→熔化炉→粒化室→浸溶塔→结晶→分离→干燥→包装

图 4-1 废铜为原料生产硫酸铜工艺流程

2．硫酸浸出含铜溶液生产硫酸铜

硫酸浸出含铜溶液生产硫酸铜是在矩形槽中用硫酸浸取铜矿，硫酸铜溶液经澄清和过滤，清洁溶液送蒸发器，然后结晶为五水硫酸铜，经离心分离得硫酸铜产品，母液返回蒸发器。其工艺流程见图 4-2。

铜矿→浸取槽→澄清槽→过滤器→蒸发器→结晶器→离心分离→干燥→包装
（硫酸→澄清槽）

图 4-2 硫酸浸出含铜溶液生产硫酸铜工艺流程

四、农用硫酸铜的分析检验

农用硫酸铜现行的标准是国家标准 GB 437—2009。该标准指出产品外观为蓝色或蓝绿色晶体，无可见外来杂质，并规定了农用硫酸铜的指标要求，见表 4-2。

农用硫酸铜产品按照国家标准 GB 437—2009《硫酸铜（农用）》中的规定进行测定。该标准规定了硫酸铜（农用）的试验方法，包括硫酸铜含量、砷含量、铅含量、镉含量、游离硫酸含量和水不溶物含量的测定方法。

1．定性检验

（1）加热法。

加热后，颜色应由蓝色变成白色，冷却后加水其颜色恢复蓝色。

（2）沉淀法。

在盐酸存在的条件下，滴加氯化钡溶液，产生白色沉淀。

表 4-2 农用硫酸铜指标要求

项目	指标
硫酸铜（$CuSO_4 \cdot 5H_2O$）质量分数/%（≥）	98.0
砷质量分数[①]/（mg/kg）（≤）	25
铅质量分数[①]/（mg/kg）（≤）	125
镉质量分数[①]/（mg/kg）（≤）	25
酸度（以 H_2SO_4 计）/%（≤）	0.2
水不溶物/%（≤）	0.2

①正常生产时，砷质量分数、铅质量分数和镉质量分数，至少每 3 个月测定一次。

2．硫酸铜含量的测定

农用硫酸铜中硫酸铜含量的测定方法与前述硫酸铜中硫酸铜含量的测定方法相同，见任务二中的内容。

3．砷含量的测定

（1）测定原理。

在碘化钾和氯化亚锡存在下，将试样溶液中的高价砷还原为三价砷，三价砷与锌粒在酸性条件下产生的氢气生成砷化氢气体，通过乙酸铅棉花除去硫化氢，再与溴化汞试纸形成黄色至橙色的色斑，与标准砷斑比较定量。

（2）试剂。

① 盐酸。

② 碘化钾溶液：150 g/L，贮于棕色瓶内（临用前配制）。

③ 氢氧化钠溶液：200 g/L。

④ 硫酸溶液：c（H_2SO_4）= 1 mol/L。

⑤ 氯化亚锡溶液：400 g/L，称取 20 g 氯化亚锡（$SnCl_2 \cdot 2H_2O$），溶于 50 mL 盐酸（贮藏于 0℃冰箱中）。

⑥ 乙酸铅棉花：将脱脂棉浸于乙酸铅溶液中，2 h 后取出晾干。

⑦ 无砷金属锌。

⑧ 新蒸二次蒸馏水。

⑨ 三氧化二砷：供至恒重保存于硫酸干燥器中。

⑩ 砷标准溶液 A：称取 0.132 0 g 三氧化二砷于 1 000 mL 容量瓶中，加入 5 mL 氢氧化钠溶液溶解，加入 25 mL 硫酸溶液，用水稀释至刻度，摇匀，此溶液中ρ（As）= 0.100 mg/mL。

砷标准溶液 B：用移液管移取上述溶液 1 mL 于 100 mL 容量瓶中，加入 1 mL

硫酸溶液，用水稀释至刻度，摇匀，此溶液中ρ（As）= 1.0 μg/mL。

（3）仪器。

测砷装置见图 4-3。

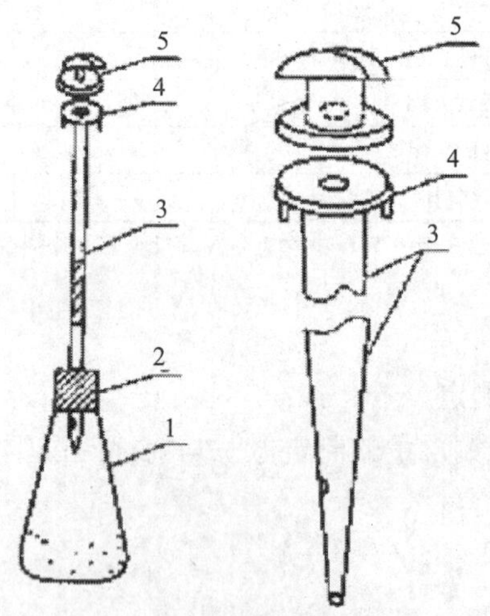

1—锥形瓶；2—橡皮塞；3—测砷管；4—管口；5—玻璃帽

图 4-3 测砷装置

① 锥形瓶：100 mL。

② 橡皮塞：中间有一孔。

③ 玻璃测砷管：全长 18 cm，上粗下细，自管口向下至 14 cm 一段的内径为 6.5 mm，自此以下逐渐狭细，末端内径为 1～3 mm，近末端 1 cm 处有一孔，直径 2 mm，狭细部分紧密插入橡皮塞中，使下部伸出至小孔恰在橡皮塞下面。上部较粗部分装入乙酸铅棉花长 5～6 cm，上端至管口处至少 3 cm，测砷管顶端为圆形扁平的管口，上面磨平，下面两侧各有一钩，为固定玻璃帽用。

④ 玻璃帽：下面磨平，上面有弯月形凹槽，中央有圆孔，直径 6.5 mm。使用时将玻璃帽盖在测砷管的管口，使圆孔互相吻合，中间夹一溴化汞试纸，用橡皮圈或其他适宜的方法将玻璃帽与测砷管固定。

（4）测定步骤。

① 标样溶液的配制。吸取砷标准溶液 B 1 mL、1.5 mL、2 mL、2.5 mL、3 mL，分别置于锥形瓶中，加 5 mL 盐酸，加水至 30 mL，再加 5 mL 碘化钾溶液，5 滴氯化亚锡溶液，混匀，室温放置 10 min。

② 试样溶液的配制。称取 0.1 g 试样（精确至 0.000 2 g）置于锥形瓶中，加

5 mL 盐酸，加水至 30 mL，再加 5 mL 碘化钾溶液，5 滴氯化亚锡溶液，混匀，室温放置 10 min。

③ 测定。向上述锥形瓶中，各加入 3 g 无砷金属锌，并立即塞上预先装有乙酸铅棉花及溴化汞试纸的测砷管，于 25℃放置 1 h，取出砷斑进行比较，得到试样中砷的质量，如果试样的砷斑颜色在标样砷斑颜色之外，可增加或减少称样量，使样品砷斑颜色在可比较标样砷斑颜色之内。

（5）分析结果的表述。

试样中砷的质量分数 w_2（mg/kg），按下式计算：

$$w_2 = \frac{\rho V}{m}$$

式中，ρ—— 砷标准溶液 B 的质量浓度，μg/mL；

m—— 试样的质量，g；

V—— 试样砷斑相当于砷标准溶液 B 的体积，mL。

4．铅含量的测定

（1）测定原理。

试样用盐酸、硝酸分解后，试样溶液中的铅在空气-乙炔火焰中原子化，所产生的原子蒸气吸收从铅空心阴极灯射出的特征波长 217.0 nm 的光，吸光值与铅基态原子浓度成正比。

（2）试剂。

① 盐酸。

② 硝酸。

③ 二次蒸馏水。

④ 铅标准贮备液：1 mg/mL。

⑤ 溶解乙炔。

（3）仪器。

① 原子吸收分光光度计，附有空气-乙炔燃烧器及铅空心阴极灯。

② 电热板：温度在 250℃内可调。

（4）测定步骤。

① 试样溶液的制备。称取试样 2～4 g（精确到 0.000 2 g），置于烧杯中，用少量水润湿，加入 30 mL 盐酸和 10 mL 硝酸，盖上表面皿，在 150～200℃电热板上微沸 30 min 后，移开表面皿继续加热，蒸至近干，取下。冷却后加 4 mL 盐酸和 50 mL 水，混匀过滤。收集滤液于 100 mL 容量瓶中，滤干后用少量水冲洗残渣三次，合并于滤液中，加水至刻度，备用。

② 标准曲线的绘制。分别吸取铅标准贮备液 0.1 mL、0.2 mL、0.3 mL 于 3 个 100 mL 容量瓶中，加入 4 mL 盐酸，用水定容，混匀。此铅标准溶液的质量分数分别为 1 mg/kg、2 mg/kg、3 mg/kg。同时配制空白溶液。在选定最佳工作条件下，使用空气-乙炔火焰，于波长 217.0 nm 处，以空白溶液为参比，测定各标准溶液的吸光值。以铅标准溶液的质量分数（mg/kg）为横坐标，相应的吸光值为纵坐标，绘制工作曲线。

③ 测定。试样溶液（或适当稀释后）在与标准溶液相同的测定条件下，测得试样溶液的吸光值，在工作曲线上查出相应的铅的质量分数（mg/kg）。

（5）分析结果的表述。

① 试样中铅的质量分数 w_3（mg/kg），按下式计算：

$$w_3 = \frac{\rho \times 100}{m}$$

式中，ρ—— 测得试样的吸光值从工作曲线上对应的铅的质量浓度，mg/L；

m—— 试料的质量，g；

100 —— 试样溶液总体积，mL。

② 允许差。取平行测定结果的算术平均值为测定结果，两次平行测定结果的差值不大于 10 mg/kg。

5．镉含量的测定

（1）测定原理。

试样用盐酸、硝酸分解后，试样中的镉在空气-乙炔火焰中原子化，所产生的原子蒸气吸收从镉空心阴极灯射出的特征波长 228.8 nm 的光，吸光值与镉基态原子浓度成正比。

（2）试剂。

① 盐酸。

② 硝酸。

③ 二次蒸馏水。

④ 镉标准贮备液：1 mg/mL。

⑤ 溶解乙炔。

（3）仪器。

① 原子吸收分光光度计，附有空气-乙炔燃烧器及镉空心阴极灯。

② 电热板：温度在 250℃内可调。

（4）测定步骤。

① 试样溶液的制备。称取试样 2～4 g（精确到 0.000 2 g），置于烧杯中，用

少量水润湿，加入 30 mL 盐酸和 10 mL 硝酸，盖上表面皿，在 150～200 ℃电热板上微沸 30 min 后，移开表面皿继续加热，蒸至近干，取下。冷却后加 4 mL 盐酸和 50 mL 水，混匀过滤。收集滤液于 100 mL 容量瓶中，滤干后用少量水冲洗残渣 3 次，合并于滤液中，加水至刻度，备用。

② 标准曲线的绘制。分别吸取镉标准贮备液 1.0 mL 于 100 mL 容量瓶中，用水定容，混匀。分别从上述溶液中吸取 1.0 mL、2.0 mL、4.0 mL 于 3 个 100 mL 容量瓶中，加入 4 mL 盐酸，用水定容，混匀。此镉标准溶液的质量浓度分别为 0.1 mg/kg、0.2 mg/kg、0.4 mg/kg。同时配制空白溶液。在选定最佳工作条件下，使用空气-乙炔火焰，于波长 228.8 nm 处，以空白溶液为参比，测定各标准溶液的吸光值。以镉标准溶液的质量分数（mg/kg）为横坐标，相应的吸光值为纵坐标，绘制工作曲线。

③ 测定。试样溶液（或适当稀释后）在与标准溶液相同的测定条件下，测得试样溶液的吸光值，在工作曲线上查出相应的镉的质量分数（mg/kg）。

（5）分析结果的表述。

① 试样中镉的质量分数 w_4（mg/kg），按下式计算：

$$w_4 = \frac{\rho \times 100}{m}$$

式中，ρ —— 测得试样的吸光值从工作曲线上对应的镉的质量浓度，mg/L；

m —— 试料的质量，g；

100 —— 试样溶液总体积，mL。

② 允许差。取平行测定结果的算术平均值为测定结果，两次平行测定结果的差值不大于 1 mg/kg。

6．游离硫酸含量的测定

农用硫酸铜中游离硫酸含量的测定方法与前述硫酸铜中游离硫酸含量的测定方法相同，详见任务三中的内容。

7．水不溶物含量的测定

农用硫酸铜中水不溶物含量的测定方法与前述硫酸铜中水不溶物含量的测定方法相同，详见任务四中的内容。

项目五　工业碳酸钠的分析检验

项目内容

碳酸钠（sodium carbonate），分子式 Na_2CO_3，俗称纯碱，又称苏打或碱灰，为白色粉末或颗粒，无气味，相对密度 2.533，熔点 845～852℃。碳酸钠易溶于水和甘油，微溶于无水乙醇，不溶于丙醇。稳定性较强，但高温下也可分解，生成氧化钠和二氧化碳。有吸水性，长期暴露在空气中能吸收空气中的水分及二氧化碳，生成碳酸氢钠，并结成硬块。含有结晶水的碳酸钠有三种：$Na_2CO_3 \cdot H_2O$、$Na_2CO_3 \cdot 7H_2O$ 和 $Na_2CO_3 \cdot 10H_2O$。

工业纯碱纯度为 98%～99%，依颗粒大小、堆积密度不同，可分为超轻质纯碱（堆积密度 300～440 kg/m^3）、轻质纯碱（堆积密度 450～600 kg/m^3）和重质纯碱（堆积密度 800～1 100 kg/m^3）。

工业碳酸钠现行的标准是国家标准 GB 210.1—2004 和 GB 210.2—2004。该标准指出工业碳酸钠根据用途分为两类：Ⅰ类为特种工业用重质碳酸钠，适用于制造显像管玻壳、光学玻璃等；Ⅱ类为一般工业用碳酸钠，包括轻质碳酸钠和重质碳酸钠。并指出产品外观：轻质碳酸钠为白色结晶粉末，重质碳酸钠为白色细小颗粒。而且规定了工业碳酸钠的指标要求，见表 5-1。

表 5-1　工业碳酸钠指标要求

指标项目	Ⅰ类	Ⅱ类		
	优等品	优等品	一等品	合格品
总碱量（以干基的 Na_2CO_3 的质量分数计）/%（≥）	99.4	99.2	98.8	98.0
总碱量（以湿基的 Na_2CO_3 的质量分数计）①/%（≥）	98.1	97.9	97.5	96.7
氯化钠（以干基的 NaCl 的质量分数计）/%（≤）	0.30	0.70	0.90	1.20
铁（Fe）的质量分数（干基计）/%（≤）	0.003	0.003 5	0.006	0.010
硫酸盐（以干基的 SO_4^{2-} 的质量分数计）/%（≤）	0.03	0.03②		
水不溶物的质量分数/%（≤）	0.02	0.03	0.10	0.15
堆积密度③/（g/mL）（≥）	0.85	0.90	0.90	0.90

指标项目		Ⅰ类	Ⅱ类		
		优等品	优等品	一等品	合格品
粒度[3]，筛余物/%	180 μm（≥）	75.0	70.0	65.0	60.0
	1.18 mm（≤）	2.0			

①为包装时含量，交货时产品中总碱量乘以交货产品的质量再除以交货清单上产品的质量之值不得低于此数值。
②为氨碱产品控制指标。
③为重质碳酸钠控制指标。

以工业盐或天然碱为原料，由氨碱法、联碱法或其他方法制得的工业碳酸钠产品按照国家标准《工业碳酸钠及其试验方法第 1 部分：工业碳酸钠》（GB 210.1—2004）和《工业碳酸钠及其试验方法第 2 部分：工业碳酸钠试验方法》（GB 210.2—2004）中的规定进行测定。该标准规定了工业碳酸钠的试验方法，包括总碱含量、氯化物含量、铁含量、硫酸盐含量、水不溶物含量等的测定方法。

工作任务

任务一　工业碳酸钠分析准备工作

一、样品的采集和制备

1．工业碳酸钠样品的采集

（1）确定批量。

以每天产量为一批。

（2）样品数。

袋装的工业碳酸钠样品，当总的包装袋数小于 500 时，取样袋数按表 1-4 的规定选取；大于 500 时，按 $3\times\sqrt[3]{N}$（N 为总的包装数）的规定选取。

（3）样品量。

轻质碳酸钠不少于 400 g，重质碳酸钠不少于 1 000 g。

（4）采样方法。

采样时，将采样器自袋的中心垂直插入至料层深度的 3/4 处采样。将采出的样品混匀，用四分法缩分。

2．样品的保存

将样品分装于两个清洁、干燥的具塞广口瓶或塑料袋中，密封。注明生产厂名、产品名称、类别、等级、批号、采样日期和采样者姓名。一份供检验用，另一份保存三个月备查。

二、工业碳酸钠的检验规则

（1）指标要求中的所有七项指标项目为型式检验项目。正常生产情况下每半年进行一次型式检验。

（2）总碱量、氯化钠含量、铁含量、水不溶物含量、堆积密度、粒度为出厂检验项目。

（3）工业碳酸钠应由生产厂的质量监督检验部门按照规定进行检验。生产厂应保证每批出厂的产品都符合要求。

（4）使用单位有权按照规定对所收到的工业碳酸钠进行验收，验收应在货到之日算起的 1 个月内进行。

（5）检验结果如有一项指标不符合要求，应重新自两倍量的包装中采样进行复验，复验结果即使有一项指标不符合要求时，则整批产品为不合格。

三、工业碳酸钠的标志、标签、包装、运输和贮存

1．标志、标签

（1）工业碳酸钠包装容器上应有牢固清晰的标志，内容包括：生产厂名、厂址、产品名称、商标、类别、等级、净含量、批号或生产日期及标准编号，以及 GB/T 191—2008 规定的“怕雨”标志。

（2）每批出厂的工业碳酸钠都应附有质量证明书，内容包括：生产厂名、厂址、产品名称、类别、商标、净含量、批号或生产日期、产品质量符合国家标准的证明和编号。

2．包装、运输、贮存

（1）工业碳酸钠采用三种包装方式。

① 双层包装：外包装采用塑料编织袋，内包装采用聚乙烯塑料薄膜袋，每袋净含量 40 kg 或 50 kg。

② 单层包装：采用 GB/T 8946—2013 规定的 B 型复合塑料编织袋，每袋净含量 40 kg 或 50 kg。

③ 集装袋包装：采用 GB/T 10454—2000 中规定的集装袋，每袋净含量 1 000 kg。用户有特殊要求时可协商。

（2）工业碳酸钠包装，内袋扎口或用其他相当的方式封口；外袋应牢固缝合。缝线整齐，针距均匀，无漏缝和跳线现象。

（3）工业碳酸钠每袋净含量 40 kg 或 50 kg 的包装袋，随机抽取 10 袋称量时，平均偏差应在±0.2 kg 范围内；随机抽取 1 袋，偏差在±0.3 kg 范围内。工业碳酸钠每袋净重大于 500 kg 的包装袋，平均偏差应在±5 kg 范围内。

（4）工业碳酸钠在运输过程中应有遮盖物，防止雨淋、受潮。运输工具应清洁、干燥，尽量采用集装箱、网或集装托盘装卸和运输。不得与酸类混运。

（5）工业碳酸钠应贮存于阴凉干燥处，防止雨淋、受潮，防止日晒、受热，不得与酸混贮。

四、定性检验

1．试剂

盐酸；氢氧化钙溶液（2 g/L，取上层澄清液）；硫酸镁溶液（120 g/L）；铂丝。

2．检验

（1）用盐酸湿润的铂丝先在无色火焰上烧灼至无色，再蘸取样品溶液少许，在无色火焰中烧灼，火焰呈鲜黄色（证明有钠盐）。

（2）样品溶液滴加盐酸即放出二氧化碳气体，此气体通入氢氧化钙溶液中即生成白色沉淀（证明有碳酸根）。

$$Ca(OH)_2 + CO_2 = CaCO_3 \downarrow + H_2O$$

（3）样品溶液滴加硫酸镁溶液即生成白色沉淀（证明有碳酸根）。

$$Na_2CO_3 + MgSO_4 = MgCO_3 \downarrow + Na_2SO_4$$

任务二　工业碳酸钠中总碱量的测定

一、测定原理

以溴甲酚绿-甲基红混合液为指示剂，用盐酸标准滴定溶液滴定总碱量。

二、仪器、试剂

1．试剂

（1）盐酸标准滴定溶液：c（HCl）= 1 mol/L。

（2）溴甲酚绿-甲基红混合指示液。

2．仪器

实验室常规仪器。

三、测定步骤

1．总碱量（湿基计）的测定

称取约 1.7 g 试样，精确至 0.000 2 g。置于锥形瓶中，用 50 mL 水溶解试料，加 10 滴溴甲酚绿-甲基红混合指示液，用盐酸标准滴定溶液滴定至试验溶液由绿色变为暗红色。煮沸 2 min，冷却后，继续滴定至暗红色。同时做空白试验。

2．总碱量（干基计）的测定

称取约 1.7 g 于 250～270℃下加热至恒重的试样，精确至 0.000 2 g。置于锥形瓶中，用 50 mL 水溶解试料，加 10 滴溴甲酚绿-甲基红混合指示液，用盐酸标准滴定溶液滴定至试验溶液由绿色变为暗红色。煮沸 2 min，冷却后，继续滴定至暗红色。同时做空白试验。

四、分析结果的表述

1．总碱量的计算

总碱量以碳酸钠（Na_2CO_3）的质量分数 w_1 计，数值以%表示，按下式计算：

$$w_1=\frac{c(V-V_0)M/2}{m\times 1\,000}\times 100=\frac{0.05c(V-V_0)M}{m}$$

式中，c—— 盐酸标准滴定溶液的浓度，mol/L；

V—— 滴定所消耗的盐酸标准滴定溶液[总碱量（湿基计）]的体积，mL；

V_0—— 空白试验所消耗的盐酸标准滴定溶液[总碱量（湿基计）]的体积，mL；

m—— 试料的质量，g；

M—— 碳酸钠的摩尔质量（$M=105.99$ g/mol）。

2．允许差

取平行测定结果的算术平均值为测定结果。两次平行测定结果的绝对差值不大于 0.6%。

任务三　工业碳酸钠中氯化物含量的测定

一、汞量法

1．测定原理

在微酸性的水或乙醇-水溶液中，用强电离的硝酸汞标准滴定溶液将氯离子转化为弱电离的氯化汞，用二苯偶氮碳酰肼指示剂与过量的 Hg^{2+} 生成紫红色络合物来判断终点。

2．仪器、试剂

（1）试剂。

① 硝酸溶液：1+1。

② 硝酸溶液：1+7。

③ 氢氧化钠溶液：40 g/L。

④ 氯化钠（基准试剂）标准溶液：0.05 mol/L。

称取在 500℃下干燥 1 h 至恒量并置于干燥器中冷却后的氯化钠 2.922 1 g（精确至 0.000 1 g），然后将其置于 1 000 mL 容量瓶中，用水稀释至刻度、摇匀。

⑤ 硝酸汞标准滴定溶液：$c\,[1/2\ Hg(NO_3)_2 \cdot H_2O] = 0.05$ mol/L。

a．溶液的制备。称取 5.43 g±0.01 g 氧化汞（HgO），置于烧杯中，加 10 mL 硝酸溶液（1+1），加少量水（必要时过滤），将溶液移入 1000 mL 容量瓶中，用水稀释至刻度、摇匀。或者称取 8.56 g±0.01 g 硝酸汞[$Hg(NO_3)_2 \cdot H_2O$]置于烧杯中，加 4 mL 硝酸溶液（1+1），加少量水，将溶液移入 1 000 mL 容量瓶中，用水稀释至刻度、摇匀。

b．溶液的标定。移取 25.00 mL 氯化钠标准溶液，置于 250 mL 三角瓶中，加 100 mL 水，再加入 3 滴溴酚蓝指示剂溶液，逐滴加入硝酸溶液（2 mol/L），使溶液由蓝色变为黄色，再过量 2～6 滴，加 1 mL 二苯偶氮碳酰肼指示剂溶液，用待标定的硝酸汞标准滴定溶液滴定至溶液由黄色变成紫红色为终点。同时以水做空白试验。

c．硝酸汞标准滴定溶液的实际浓度按下式计算：

$$c = \frac{m \times \dfrac{25}{1\,000}}{M\dfrac{(V - V_0)}{1\,000}} = \frac{m}{M(V - V_0)} \times 25$$

式中，c —— 硝酸汞标准滴定溶液的实际浓度，mol/L；

m —— 氯化钠基准试剂的质量，g；

V —— 测定消耗的硝酸汞标准滴定溶液的体积，mL；

V_0 —— 空白消耗的硝酸汞标准滴定溶液的体积，mL；

M —— 氯化钠的摩尔质量（$M = 58.443$ g/mol）。

⑥ 溴酚蓝指示剂：1 g/L。

⑦ 二苯偶氮碳酰肼指示剂：5 g/L。

（2）仪器。

① 滴定管：分度值为 0.02 mL 或 0.05 mL。

② 实验室常规仪器。

3．测定步骤

（1）参比溶液的制备。

在 250 mL 锥形瓶中加入 40 mL 水和 2 滴溴酚蓝指示液，滴加硝酸溶液（1+7）至溶液由蓝色恰变为黄色，再过量 2～3 滴。加入 1 mL 二苯偶氮碳酰肼指示液，用硝酸汞标准滴定溶液滴定至溶液由黄色变为紫红色，记录所用硝酸汞标准滴定溶液的体积。此溶液在使用前制备。

（2）试样的测定。

称取约 2 g 试样，精确至 0.01 g，置于 250 mL 锥形瓶中，加 40 mL 水溶解试料，加入 2 滴溴酚蓝指示液，滴加硝酸溶液（1+1）中和至溶液变黄后，滴加氢氧化钠溶液至试验溶液变蓝，再用硝酸溶液（1+7）调至溶液恰呈黄色再过量 2～3 滴。加入 1 mL 二苯偶氮碳酰肼指示液，用硝酸汞标准滴定溶液滴定至溶液由黄色变为与上述参比溶液相同的紫红色即为终点。

将滴定后的废液保存起来，集中处理。

4．分析结果的表述

（1）氯化物含量以氯化钠（NaCl）的质量分数 w_2 计，数值以%表示，按下式计算：

$$w_2 = \frac{c(V-V_0)M/1000}{m \times (100-\omega_0)/100} \times 100 = \frac{10c(V-V_0)M}{m \times (100-\omega_0)}$$

式中，V—— 滴定所消耗的硝酸汞标准滴定溶液的体积，mL；

V_0—— 参比溶液制备中所消耗的硝酸汞标准滴定溶液的体积，mL；

c—— 硝酸汞标准滴定溶液的浓度，mol/L；

m—— 试料的质量，g；

w_0—— 按烧失量测定方法测得的烧失量，%；

M—— 氯化钠的摩尔质量（M = 58.44 g/mol）。

（2）允许差。

取平行测定结果的算术平均值为测定结果。平行测定结果的绝对差值不大于 0.02%。

二、电位滴定法

1．测定原理

在酸性的水或乙醇-水溶液中，以银（银-硫化银）电极为测量电极，甘汞电极为参比电极，用硝酸银标准滴定溶液滴定，借助于电位突跃确定其反应终点。

2．仪器、试剂

（1）试剂。

① 氯化钠基准溶液：c（NaCl）= 0.05 mol/L。

称取 2.922 5 g 预先在 500～600℃下干燥至恒重的基准氯化钠，精确至 0.000 2 g，置于烧杯中，加水溶解后移入 1 000 mL 容量瓶中，加水稀释至刻度，摇匀。

② 硝酸银标准滴定溶液：c（$AgNO_3$）= 0.05 mol/L。

（2）仪器。

① 电位计：精度应不低于 10 mV/格，量程为（−500～+500）mV。

② 参比电极：双液接型饱和甘汞电极，内充饱和氯化钾溶液，滴定时外套管内盛饱和硝酸钾溶液和甘汞电极相连接。

③ 测量电极：银电极或硫化银涂层的银电极。

④ 滴定管：分度值为 0.02 mL 或 0.05 mL。

3．测定步骤

称取适量试样（Ⅰ类 2 g，Ⅱ类 1 g），精确至 0.01 g。置于烧杯中，加入 40 mL 水溶解，放入电磁搅拌子，将烧杯置于电磁搅拌器上，开动搅拌器，加 2 滴溴酚蓝指示液，滴加硝酸溶液（1+1）至试验溶液恰呈黄色。

把测量电极和参比电极插入溶液中，将电极与电位计连接，调整电位计零点，记录起始电位值。用硝酸银标准滴定溶液滴定。每加入 0.10 mL，记录加入硝酸银标准滴定溶液后的总体积和对应的电位值 E，计算出连续增加的电位值 $\Delta_1 E$ 和$\Delta_2 E$。$\Delta_1 E$ 的最大值即为滴定的终点。终点后再记录一个电位值 E。记录格式见表 5-2。

表 5-2　电位滴定法数据记录格式

硝酸银标准滴定溶液的体积 V/mL	电位值 E/mV	$\Delta_1 E$/mV	$\Delta_2 E$/mV
4.80	176		
		35	
4.90	211		+37
		72	
5.00	283		−49
		23	
5.10	306		−10
		13	
5.20	319		−2
		11	
5.30	330		

说明：第一、第二栏分别记录所加入的硝酸银标准溶液的总体积和对应的电位值 E。第三栏记录连续增加的电位值$\Delta_1 E$。第四栏记录增加的电位值$\Delta_1 E$之间的差值$\Delta_2 E$，此差值有正有负。

同时做空白试验。

$$V = 4.90 - \frac{37 \times (4.90 - 5.00)}{37 + 49} = 4.94$$

4．分析结果的表述

分析结果的计算式和允许差要求与汞量法相同。

任务四　工业碳酸钠中铁含量的测定

一、测定原理

用抗坏血酸将试液中的三价铁还原成二价铁，在 pH=2～9 时，二价铁离子可与邻菲啰啉生成橙红色络合物，于分光光度计最大吸收波长 510 nm 处测量其吸光度。

二、仪器、试剂

1．试剂

（1）盐酸溶液：1+1，1+3。

（2）氨水溶液：2+3，1+9。

（3）硫酸。

（4）乙酸-乙酸钠缓冲溶液，pH = 4.5。

（5）抗坏血酸溶液：100 g/L，该溶液使用期限为 7 天。

（6）邻菲啰啉溶液：1 g/L，该溶液应避光保存，仅能使用无色溶液。

（7）硫酸铁铵[$NH_4Fe(SO_4)_2 \cdot 12H_2O$]。

（8）铁标准溶液：1 mL 含有 0.200 mg 铁。

按下述方法之一制备：

① 称取 1.727 g 十二水硫酸铁铵[$NH_4Fe(SO_4)_2 \cdot 12H_2O$]，精确至 0.001 g，用约 200 mL 水溶解，定量转移至 1 000 mL 容量瓶中，加 20 mL 硫酸溶液（1+1），稀释至刻度并混匀。

② 称取 0.200 g 纯铁丝（质量分数为 99.9%），精确至 0.001 g，放入烧杯中，加 10 mL 浓盐酸，缓慢加热至完全溶解，冷却，定量转移至 1 000 mL 容量瓶中，稀释至刻度并混匀。

（9）铁标准溶液：1 mL 含有 20 μg 铁。

移取 50.0 mL 铁标准溶液（1 mL 含有 0.200 mg 铁），置于 500 mL 容量瓶中，稀释至刻度，摇匀。该溶液现用现配。

2．仪器

（1）分光光度计：带有厚度为 0.5 cm、1 cm、3 cm 的比色皿。

（2）实验室常规仪器。

三、测定步骤

表 5-3 标准比色液的配制

试液中预计的铁含量/μg					
50～500		25～250		10～100	
铁标准溶液（1 mL 含有 20 μg 铁）/mL	对应的铁含量/μg	铁标准溶液（1 mL 含有 20 μg 铁）/mL	对应的铁含量/μg	铁标准溶液（1 mL 含有 20 μg 铁）/mL	对应的铁含量/μg
0①	0	0①	0	0①	0
2.50	50	3.00	60	0.50	10
5.00	100	5.00	100	1.00	20
10.00	200	7.00	140	2.00	40
15.00	300	9.00	180	3.00	60
20.00	400	11.00	220	4.00	80
25.00	500	13.00	260	5.00	100
比色皿光程/cm					
1		2		4 或 5	

①试剂空白溶液。

1．标准曲线的绘制

（1）标准比色液的配制。

适用于光程为 1 cm、2 cm、4 cm 或 5 cm 比色皿吸光度的测定。

根据试液中预计的铁含量，按照表 5-3 指出的范围在一系列 100 mL 容量瓶中，分别加入给定体积的铁标准溶液（1 mL 含有 20 μg 铁）。

（2）显色。

每个容量瓶都按下述规定同时同样处理：如有必要，用水稀释至约 60 mL，用盐酸溶液调至 pH 为 2（用精密 pH 试纸检查）。加 1 mL 抗坏血酸溶液，然后加 20 mL 乙酸-乙酸钠缓冲溶液和 10 mL 邻菲啰啉溶液，用水稀释至刻度，摇匀，放置不少于 15 min。

（3）吸光度的测定。

选择适当光程的比色皿（见表 5-3），于最大吸收波长约 510 nm 处，以水为参比，将分光光度计的吸光度调整到零，进行吸光度测量。

（4）绘图。

从每个标准比色液的吸光度中减去试剂空白试液的吸光度，以每 100 mL 含 Fe 量（mg）为横坐标，对应的吸光度为纵坐标，绘制标准曲线。

2．试样的测定

称取 10 g 试样，精确至 0.01 g，置于烧杯中，加少量水润湿，滴加 35 mL 盐酸溶液（1+1），煮沸 3～5 min，冷却（必要时过滤），移入 250 mL 容量瓶中，加水至刻度，摇匀。

用移液管移取 50 mL（或 25 mL）试验溶液，置于烧杯中，另取 7 mL（或 3.5 mL）盐酸溶液（1+1）于另一烧杯中，用氨水（2+3）中和后，与试验溶液一并用氨水（1+9）和盐酸溶液（1+3）调节 pH 值为 2（用精密 pH 试纸检验）。分别移入 100 mL 容量瓶中，再加 1 mL 抗坏血酸溶液，然后加 20 mL 乙酸-乙酸钠缓冲溶液和 10 mL 邻菲啰啉溶液，用水稀释至刻度，摇匀，放置不少于 15 min。选用 3 cm 比色皿，以水为参比，测定试验溶液和空白试验溶液的吸光度。

用试验溶液的吸光度减去空白试验溶液的吸光度，从工作曲线上查出相应的铁的质量。

四、分析结果的表述

1．铁含量的计算

铁含量以铁（Fe）的质量分数 w_3 计，数值以%表示，按下式计算：

$$w_3 = \frac{m_1}{m \times 1\,000 \times (100 - w_0)/100} \times 100 = \frac{10m_1}{m \times (100 - w_0)}$$

式中，m_1 —— 从工作曲线上查出的铁的质量，mg；

m —— 移取试验溶液中所含试料的质量，g；

w_0 —— 按烧失量测定方法测得的烧失量，%。

2．允许差

取平行测定结果的算术平均值为测定结果。平行测定结果的绝对差值：优等品、一等品不大于 0.000 5%，合格品不大于 0.001%。

任务五　工业碳酸钠中硫酸盐含量的测定

一、硫酸钡重量法

1．测定原理

溶解试样并分离不溶物，在稀盐酸介质中使硫酸盐沉淀为硫酸钡，将得到的沉淀进行分离，在（800±25）℃下灼烧后称量。

2．仪器、试剂

（1）试剂。

① 盐酸溶液：1+1。

② 氨水。

③ 氯化钡溶液：100 g/L。

④ 硝酸银溶液：5 g/L。

用少量水溶解 0.5 g 硝酸银，加 20 mL 硝酸溶液（1+1），用水稀释至 100 mL，摇匀。

⑤ 甲基橙指示液：1 g/L。

（2）仪器。

实验室常规仪器。

3．测定步骤

称取约 20 g 试样，精确至 0.01 g，置于烧杯中，加 50 mL 水，搅拌，滴加 70 mL 盐酸溶液中和试料并使之酸化，用中速定量滤纸过滤并洗涤。滤液收集于烧杯中，控制试验溶液体积约 250 mL。滴加 3 滴甲基橙指示液，用氨水中和后，再加 6 mL 盐酸溶液酸化，煮沸，在不断搅拌下滴加 25 mL 氯化钡溶液（约 90 s 加完），在不断搅拌下继续煮沸 2 min。在沸水浴上放置 2 h，停止加热，静置 4 h，用慢速定量滤纸过滤，用热水洗涤沉淀直到取 10 mL 滤液与 1 mL 硝酸银溶液混合，5 min 后仍保持透明为止。

将滤纸连同沉淀移入预先在（800±25）℃下恒重的瓷坩埚中，灰化后移入高温炉内，于（800±25）℃下灼烧至恒重。

4．分析结果的表述

（1）硫酸盐含量以硫酸根（SO_4^{2-}）的质量分数 w_4 计，数值以%表示，按下式计算：

$$w_4 = \frac{m_1 \times 0.4116}{m \times (100 - w_0)/100} \times 100 = \frac{41.16 m_1}{m \times (100 - w_0)}$$

式中，m_1 —— 灼烧后硫酸钡的质量，g；

m —— 试料的质量，g；

w_0 —— 按烧失量测定方法测得的烧失量，%；

0.411 6 —— 硫酸钡换算为硫酸根的系数。

（2）允许差。

取平行测定结果的算术平均值为测定结果。平行测定结果的绝对差值不大于0.006%。

二、硫酸钡比浊法

1．测定原理

在微酸性介质中，用氯化钡沉淀硫酸根离子，与硫酸钡标准比浊液比较。

2．仪器、试剂

（1）试剂。

① 氯化钡溶液：250 g/L。

② 硫酸盐标准溶液：1 mL 含有 0.1 mg 硫酸根（SO_4^{2-}）。

称量 0.148 g 于 105～110℃干燥至恒重的无水硫酸钠，溶于水，移入 100 mL 容量瓶中，稀释至刻度，摇匀。或称量 0.181 g 硫酸钾，溶于水，移入 100 mL 容量瓶中，稀释至刻度，摇匀。

按照上述方法之一配制后的溶液再准确稀释 10 倍即可。

③ 酚酞指示液：10 g/L。

（2）仪器。

实验室常规仪器。

3．测定步骤

称取（1.00±0.01）g 试样，置于烧杯中，加 20 mL 水和 1 滴酚酞指示液，滴加盐酸溶液（1+1）至酚酞变色并过量 2 mL，煮沸 2 min，冷却（必要时过滤），移入 50 mL 比色管中。

同时根据试料中的硫酸盐含量，分别取 3～4 份硫酸盐标准溶液，分别置于 50 mL 比色管中，每份间隔相差 0.5 mL（根据试料中硫酸盐含量，可适当缩小或扩大间隔）。分别加入 20 mL 水、2 mL 盐酸溶液（1+1）。

在试料管及标准管中同时加入 10 mL 氯化钡溶液，加水至刻度，摇匀。置于 40～50℃水浴中 20 min 后比较标准管和试料管的浊度。

取与试料管浊度相当的标准管中的硫酸盐的量进行计算。当试料管浊度介于两支标准管浊度之间时，按两标准管中硫酸盐量的平均值进行计算。

4．分析结果的表述

硫酸盐含量以硫酸根（SO_4^{2-}）的质量分数 w_4 计，数值以%表示，按下式计算：

$$w_4 = \frac{m_1 \times 100}{m \times 1\,000} = \frac{0.1 m_1}{m}$$

式中，m_1 —— 与试料管浊度相当的标准管中硫酸盐（以 SO_4^{2-} 计）的质量，mg；

m —— 试料的质量，g。

任务六　工业碳酸钠中水不溶物含量的测定

一、测定原理

将试料溶于（50±5）℃的水中，将不溶物过滤、洗涤、干燥并称量。

二、仪器、试剂

1．试剂

（1）酚酞指示液：10 g/L。

（2）酸洗石棉：取适量酸洗石棉，浸泡于盐酸溶液（1+3）中，煮沸 20 min，用布氏漏斗过滤并洗涤至中性。再用 100 g/L 无水碳酸钠溶液浸泡并煮沸 20 min，用布氏漏斗过滤并洗涤至中性（用酚酞指示液检查）。以水调成糊状，备用。

（3）石棉滤纸。

2．仪器

（1）古氏坩埚：容量 30 mL。

（2）坩埚的铺制。

① 酸洗石棉法。将古氏坩埚置于抽滤瓶上，在筛板上下各匀铺一层酸洗石棉，边抽滤边用平头玻璃棒压紧，每层厚约 3 mm。用（50±5）℃水洗涤至滤液中不含石棉毛。将坩埚移入干燥箱内，于（110±5）℃下烘干后称量。重复洗涤、干燥至恒重。

② 试纸法。将古氏坩埚置于抽滤瓶上，在筛板下铺一层石棉滤纸，在筛板上铺两层石棉滤纸，边抽滤边用平头玻璃棒压紧。用（50±5）℃水洗涤滤纸。将坩埚移入干燥箱内，于（110±5）℃下烘干后称量。重复洗涤、干燥至恒重。

三、测定步骤

称取 20～40 g 试样，精确至 0.01 g，置于烧杯中，加入 200～400 mL 约 40℃的水溶解，维持试验溶液温度在（50±5）℃。用已恒重的古氏坩埚过滤，以（50±5）℃的水洗涤不溶物，直至在 20 mL 洗涤液与 20 mL 水中加 2 滴酚酞指示液后所呈现的颜色一致为止。将古氏坩埚连同不溶物一并移入干燥箱内，在（110±5）℃下干燥至恒重。

以酸洗石棉法为仲裁法。

四、分析结果的表述

1．水不溶物含量的计算

水不溶物的质量分数 w_5 计，数值以%表示，按下式计算：

$$w_5=\frac{m_1}{m\times(100-w_0)/100}\times 100=\frac{m_1\times 10^4}{m\times(100-w_0)}$$

式中，m_1 —— 水不溶物的质量，g；

m —— 试料的质量，g；

w_0 —— 按烧失量测定方法测得的烧失量，%。

2．允许差

取平行测定结果的算术平均值为测定结果，平行测定结果的绝对差值：优等品、一等品不大于 0.006%，合格品不大于 0.008%。

任务七　工业碳酸钠中烧失量的测定

一、测定原理

试料在 250～270℃下加热至恒重，加热时失去游离水和碳酸氢钠分解出的水和二氧化碳，计算烧失量。

二、仪器

（1）称量瓶：ϕ 30 mm×25 mm。

（2）瓷坩埚：容积约 30 mL。

三、测定步骤

称取约 2 g 试样，精确至 0.000 2 g，置于 250～270℃恒重的称量瓶或瓷坩埚内，移入烘箱或高温炉中，在 250～270℃下加热至恒重。

四、分析结果的表述

1．烧失量的计算

烧失量的质量分数以 w_0 计，数值以%表示，按下式计算：

$$w_0 = \frac{m_1}{m} \times 100$$

式中，m_1 —— 试料加热时失去的质量，g；

m —— 试料的质量，g。

2．允许差

取平行测定结果的算术平均值为测定结果，平行测定结果的绝对差值不大于 0.04%。

任务八　工业碳酸钠中堆积密度的测定

一、测定原理

一定量的试料通过圆锥形漏斗，进入一已知容积的圆柱形料罐中，测定装满料罐所需试料的质量。

二、仪器

（1）堆积密度的测定装置如图 5-1 所示。

（2）料罐体积的测定：将料罐洗净、晾干，盖上玻璃片，称得料罐和玻璃片的质量，小心将水倒入料罐中，近满时用滴管加入水至全满，盖上玻璃片，用滤纸吸干料罐及玻璃片外部的水，玻璃片与料罐中水之间应无气泡。再称量料罐和玻璃片的质量。

料罐体积 V，数值以毫升（mL）表示，按下式计算：

$$V = \frac{m_1 - m_2}{\rho_{水}} \times 100$$

式中，m_1 —— 灌满水的料罐及玻璃片的质量，g；

m_2——未灌水的料罐及玻璃片的质量，g；

ρ——t℃时纯水的密度，g/mL，近似为 1 g/mL。

料罐体积每年至少校准一次。

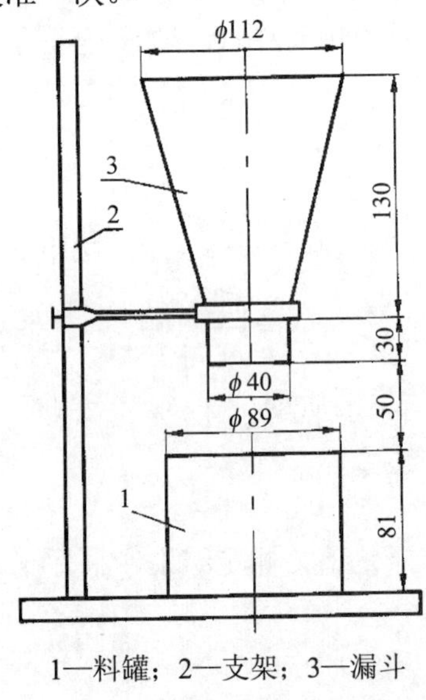

1—料罐；2—支架；3—漏斗

图 5-1　堆积密度测定装置

三、测定步骤

按图 5-1 安装好堆积密度测定装置。称取料罐质量，精确至 1 g。关好漏斗下底，将试样自然倒满，用直尺刮去高出部分，放好已知质量的料罐，打开漏斗下底，使试料全部自动流入料罐中，用直尺刮去高出部分（刮平前勿移动料罐），称量试料和料罐的质量，精确至 1 g。

四、分析结果的表述

1．堆积密度的计算

堆积密度以单位体积的质量ρ计，数值以 g/mL 表示，按下式计算：

$$\rho=\frac{m_1-m_2}{V}$$

式中，m_1——料罐和试料的质量，g；

m_2——料罐的质量，g；

V——料罐的容积，mL。

2．允许差

取平行测定结果的算术平均值为测定结果，平行测定结果的绝对差值不大于0.02 g/mL。

任务九 工业碳酸钠中粒度的测定

一、仪器

（1）试验筛。R 40/3 系列：ϕ200 mm×50 mm/180 μm 和 ϕ200 mm×50 mm/1.18 mm，附有筛底及筛盖。

（2）震筛机。

二、测定步骤

称取约 50 g 试样，精确至 0.1 g。放入装好筛底的试验筛中，盖好筛盖，手工水平震筛 2 min，每分钟振动 80 次，或以震筛机筛分 5 min，称取筛余物质量，精确至 0.1 g。

三、分析结果的表述

1．筛余物的计算

筛余物的质量分数以 w_6 计，数值以%表示，按下式计算：

$$w_6 = \frac{m_1}{m} \times 100$$

式中，m_1 —— 筛余物的质量，g；

m —— 试料的质量，g。

2．允许差

取平行测定结果的算术平均值为测定结果，平行测定结果的绝对差值：180 μm 筛余物不大于 2%；1.18 mm 筛余物不大于 0.5%。

知识链接

一、工业碳酸钠生产原料及应用

纯碱是一种重要的基础化工原料，在国民经济中有着重要的地位。因加工方法的不同，所用的原料不同，主要原料为原盐（包括海盐、池盐、矿盐及地下卤水）、天然碱、石灰石、氨等。

纯碱广泛应用于国民经济各个领域，可用于基本化工原料，也可以用于基本工业原料。在建材方面，主要用于制造玻璃，如平板玻璃、瓶玻璃、光学玻璃和高级器皿；在轻工方面，主要用于洗衣粉、三聚磷酸钠、保温瓶、灯泡、白糖、搪瓷、皮革、日用玻璃、造纸等；在化工方面，主要用于制取钠盐、金属碳酸盐、小苏打、硝酸钠、亚硝酸钠、硅酸钠、硼砂、漂白剂、填料、洗涤剂、催化剂及染料等；冶金工业中，主要用作冶炼助熔剂、脱除硫和磷、选矿，以及铜、铅、镍、锡、铀、铝等金属的制备；在陶瓷工业中，制取耐火材料和釉也要用到纯碱。另外，纯碱还可用于显像管、石油、医药、国防军工等部。

二、工业碳酸钠生产工艺

1．氨碱法生产纯碱

氨碱法又称苏尔维法，它是比利时工程师苏尔维（1838—1922）于1892年发明的纯碱制法。他主要有八个生产环节：石灰石煅烧与石灰乳制备，盐水的制备与精制，精盐水吸氨，氨盐水的碳酸化，重碱的过滤，重碱的煅烧，重碱湿分解，氨的回收。

（1）石灰石煅烧与石灰乳制备。

将石灰石在窑内燃烧，分解为氧化钙和二氧化碳，二氧化碳经过除尘，然后再用于碳酸化；石灰用水消化制成石灰乳。反应如下：

$$CaCO_3 \longrightarrow CaO + CO_2 \uparrow$$

$$CaO + H_2O \longrightarrow Ca(OH)_2$$

（2）盐水的制备与精制。

地下卤水或用原盐制成的饱和盐水，需除去钙、镁等杂质，通常选用石灰碳酸铵法和石灰纯碱法除去。反应如下：

$$Mg^{2+} + Ca(OH)_2 \longrightarrow Mg(OH)_2 \downarrow + Ca^{2+}$$

$$Ca^{2+} + (NH_4)_2CO_3 \longrightarrow CaCO_3 \downarrow + 2NH_4^+$$

$$Ca^{2+} + Na_2CO_3 \longrightarrow CaCO_3 \downarrow + 2Na^+$$

（3）精盐水吸氨。

盐水吸氨的目的是使氨的浓度达到碳酸化的要求，除了吸收氨之外，还会吸收水分和二氧化碳。反应如下：

$$NH_3 + H_2O \longrightarrow NH_3 \cdot H_2O$$

$$2(NH_3 \cdot H_2O) + CO_2 \longrightarrow (NH_4)_2CO_3 + H_2O$$

（4）氨盐水碳酸化。

碳酸化是使溶液中的氨或碱性氧化物变成碳酸盐的过程，是氨碱法生产的核心。氨盐水碳酸化是将氨盐水与 CO_2 气在碳化塔内进行反应，生成 $NaHCO_3$ 结晶悬浮液。反应如下：

$$NaCl + NH_3 + H_2O + CO_2 \longrightarrow NaHCO_3 \downarrow + NH_4Cl$$

（5）重碱过滤。

从碳化塔取出的悬浮液需用过滤的办法将 $NaHCO_3$ 固体与母液分离，分离出重碱结晶和母液后，抽干和洗去滤饼中的母液，将重碱送去煅烧成为纯碱成品，将母液送去蒸氨以回收氨。

（6）重碱煅烧。

碳酸化得到的重碱，经过滤及洗涤以后，需经煅烧才能制得纯碱，同时回收二氧化碳以供碳酸化之用。重碱煅烧时，所含的铵盐也随之分解。反应如下：

$$2NaHCO_3(s) \longrightarrow Na_2CO_3(s) + H_2O(g) + CO_2(g)$$

（7）重碱湿分解。

小苏打（洁碱）、一水碱、倍半碱以及苛化法氢氧化钠都是以纯碱为原料生产的。而纯碱是由重碱煅烧得到的。采用煅烧方法热效率低、粉尘多、固体输送不便，所得 CO_2 气体又往往由于漏入空气而纯度下降。如以纯碱作为最终产品出售，就只能采取煅烧的方法。但如果是制造小苏打等各种后续产品，生产过程中所用的是纯碱溶液，就可以采用重碱湿分解来代替重碱煅烧。所谓重碱湿分解是将重碱悬浮液通蒸气分解成纯碱溶液。反应如下：

$$2NaHCO_3(s) \longrightarrow Na_2CO_3(aq) + H_2O(l) + CO_2(g)$$

（8）氨的回收。

在碳酸化的母液中含有大量的氯化铵及碳酸氢铵，在氨碱法中则将它分解成氨循环使用。送到蒸氨部分回收的料液除碳酸化母液外，还有炉气冷凝液，补充氨损失用的氨水或碳酸氢铵固体以及氨盐水贮槽沉降的泥浆。所以，氨是以游离氨和结合氨两种不同的形式存在。因此，对它们的蒸馏方法不同。

对游离氨只要简单加热即可蒸出：

$$NH_4HCO_3 \longrightarrow NH_3\uparrow + H_2O + CO_2\uparrow$$

$$(NH_4)_2CO_3 \longrightarrow 2NH_3\uparrow + H_2O + CO_2\uparrow$$

$$(NH_4)_2S \longrightarrow 2NH_3\uparrow + H_2S\uparrow$$

对结合氨必须加石灰后才能加热逐出氨：

$$2NH_4Cl + Ca(OH)_2 \longrightarrow 2NH_3\uparrow + 2H_2O + CaCl_2$$

2．联合制碱法生产纯碱

联合制碱法又称侯氏制碱法，它是我国化学工程专家侯德榜（1890—1974）于 1943 年创立的。是将制碱工业和合成氨工业联合起来，同时生产纯碱和氯化铵两种产品的方法。

联合制碱法包括两个过程：

第一个过程与氨碱法相同，将氨通入饱和食盐水而成氨盐水，再通入二氧化碳生成碳酸氢钠沉淀，经过滤、洗涤得 $NaHCO_3$ 微小晶体，再煅烧制得纯碱产品，其滤液是含有氯化铵（母液 I）和氯化钠的溶液。

第二个过程是从含有氯化铵和氯化钠的滤液中结晶沉淀出氯化铵晶体。由于氯化铵在常温下的溶解度比氯化钠要大，低温时的溶解度则比氯化钠小，而且氯化铵在氯化钠的浓溶液里的溶解度要比在水里的溶解度小得多。所以在低温条件下，向滤液中加入细粉状的氯化钠，并通入氨气，可以使氯化铵单独结晶沉淀析出，经过滤、洗涤和干燥即得氯化铵产品。此时滤出氯化铵沉淀后所得的滤液（母液 II），已基本上被氯化钠饱和，可回收循环使用。

反应如下：

$$NH_3 + NaCl + H_2O + CO_2 \longrightarrow NaHCO_3\downarrow + NH_4Cl(\text{母液I})$$

$$2NaHCO_3 \xrightarrow{\Delta} Na_2CO_3 + CO_2\uparrow + H_2O$$

$$NH_4Cl(\text{母液I}) + NaCl\text{（固）} \longrightarrow NH_4Cl\downarrow + NaCl(\text{母液II})$$

3．天然碱法生产纯碱

世界上的天然碱就其赋存形态区分为两类：一类是盐碱湖的卤水及其沉积，这类盐碱湖分布于中国北方、蒙古、俄罗斯、哈萨克斯坦、非洲肯尼亚、美国加利福尼亚及墨西哥等地的干旱及半干旱地区；另一类是埋于地下的倍半碳酸钠（$Na_2CO_3 \cdot NaHCO_3 \cdot 2H_2O$）为主的矿物。美国怀俄明州的绿河地区的贮量在 1 000 亿 t 以上，中国河南桐柏境内吴城和安棚两地贮量各在 1.2 亿～1.3 亿 t。

（1）天然碱用倍半碱法生产纯碱。

美国的食品机械和化学公司（简称 FMC）用绿河地区的粗倍半碱为原料，先经精制得到纯倍半碱，再经煅烧得到纯碱，此工艺称为倍半碱工艺。其生产工艺如下。

先将倍半碱经锤式破碎机细碎，再进行溶解，然后将溶解后得到的溶液进行澄清，再加入硫化钠除铁剂，过滤倍半碱溶液后，加入烷基苯磺酸钠晶习改性剂和有机消泡剂等添加剂进行三效真空结晶，得到的倍半碱经离心分离后，送至煅烧炉煅烧成为轻质纯碱。

（2）天然碱用一水碱法生产纯碱。

倍半碱法最大的缺点是从溶液中结晶出的产品量很小，溶液循环量很大，因此改进的方法是先将矿石煅烧成碳酸钠，再用水浸取、提纯，蒸发得到一水碱结晶，过滤后的固体再煅烧得到纯碱，此工艺称为一水碱工艺。其生产工艺如下。

先将碱矿石破碎至 6 mm，再送至煅烧炉煅烧，粗纯碱经溶解后得到浑碱液，经澄清后得到清碱液，再进行三效真空结晶，离心分离后得到的一水碳酸钠滤饼，经干燥后得到重质纯碱。

三、工业碳酸钠工艺流程

1．氨碱法生产纯碱

氨碱法是目前主要的制碱方法，具有原料来源方便、产品纯度高、生产工艺成熟、成本低、适用于大规模连续作业等优点。其生产工艺流程如图 5-2 所示。

2．联合制碱法生产纯碱

联合制碱法与氨碱法相比，其最大的优点是使食盐的利用率提高到 96%以上，并综合利用了氨厂的二氧化碳和碱厂的氯离子，生产出纯碱和氯化铵两种产品。同时，使污染环境的废物氯化钙成为对农作物有用的化肥。它还大大降低了纯碱和氮肥的成本，充分体现了大规模联合生产的优越性。其生产工艺流程如图 5-3 所示。

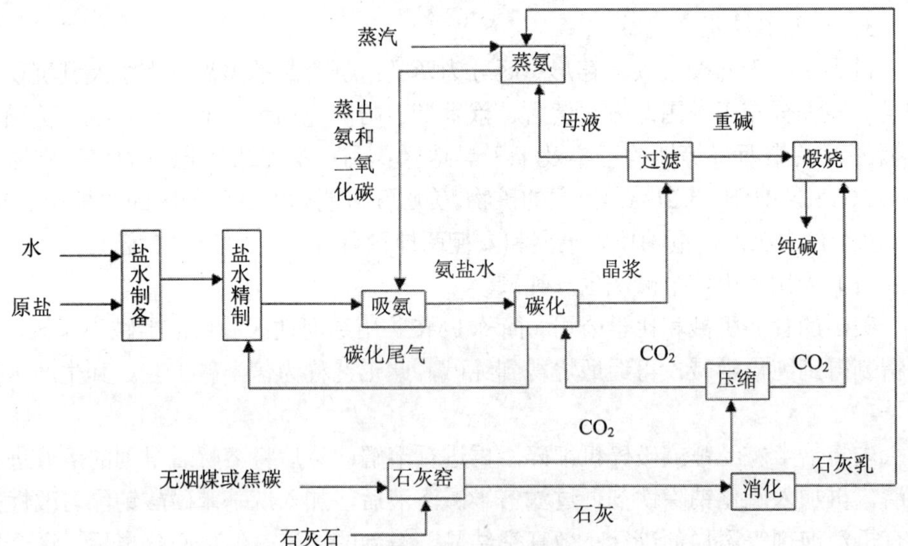

图 5-2 氨碱法生产纯碱工艺流程

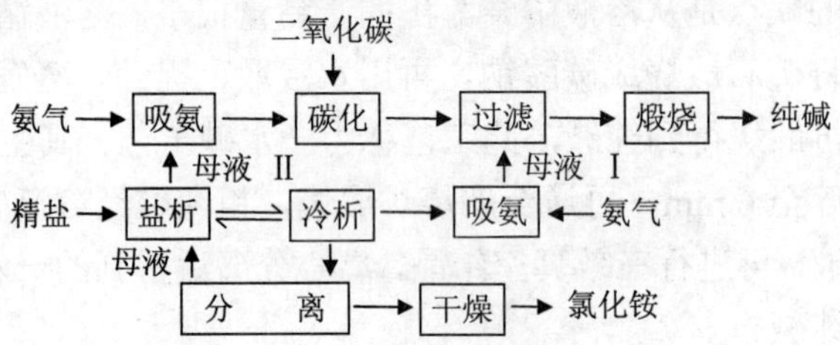

图 5-3 联合制碱法生产纯碱工艺流程

项目六　工业硬脂酸的分析检验

项目内容

硬脂酸（stearic acid），化学名为十八烷酸，又称十八酸、十八碳烷酸、脂蜡酸。分子式为 $C_{18}H_{36}O_2$，结构式为 $CH_3(CH_2)_{16}COOH$，相对分子质量为 284.48。纯品为带有光泽的白色柔软小片。熔点 69.6℃，沸点 376.1℃（分解），相对密度 0.940 8（20/4℃），折射率 1.429 9（80℃），在 90～100℃下慢慢挥发。微溶于冷水，溶于乙醇、丙酮，易溶于苯、氯仿、乙醚、四氯化碳、二硫化碳、乙酸戊酯和甲苯等有机溶剂。

硬脂酸是自然界广泛存在的一种脂肪酸，以甘油酯的形式存在于油脂中。几乎所有油脂中都有含量不等的硬脂酸，在动物脂肪中的含量较高，如牛油中含量可达 24%，植物油中含量较少，茶油为 0.8%，棕榈油为 6%，但可可脂中的含量则高达 34%。

工业硬脂酸呈白色或微黄色颗粒或块，为 45%硬脂酸与 55%软脂酸的混合物，并含有少量油酸，略带脂肪气味。工业硬脂酸分一级（旧称三压，经过三次压榨）、二级（旧称二压，经过二次压榨）和三级（旧称一压，经过一次压榨或不经过压榨）。一级和二级硬脂酸是带有光泽或含有晶粒的白色蜡状固体，三级硬脂酸是淡黄色蜡状固体。

工业硬脂酸现行的标准是国家标准 GB/T 9103—2013。该标准将工业硬脂酸产品按十八烷酸的含量分为 1840 型、1850 型和 1865 型及橡塑级。指出产品的外观是呈块状、片状、粉状或粒状，并规定了工业硬脂酸的理化指标，见表 6-1。

由动物、植物油脂经水解后加工精制生产的工业硬脂酸（主要成分为十八烷酸和十六烷酸）按照国家标准《工业硬脂酸试验方法》（GB/T 9104—2008）中的规定进行测定。该标准规定了工业硬脂酸的试验方法，包括碘值、皂化值、酸值、色泽、凝固点、水分、无机酸、灰分、组成的测定方法。

表 6-1　工业硬脂酸的理化指标

项目	指标						
	1840 型		1850 型		1865 型		橡胶级
	一等品	合格品	一等品	合格品	一等品	合格品	
C_{18} 含量①/%	38～42	35～45	48～55	46～58	62～68	60～70	
皂化值（以 KOH 计）/（mg/g）	206～212	203～215	206～211	203～212	202～210	200～210	190～225
酸值（以 KOH 计）/（mg/g）	205～211	202～214	205～210	202～211	201～209	200～209	190～224
碘值（以 I_2 计）/（g/100g）（≤）	1.0	2.0	1.0	2.0	1.0	2.0	8.0
色泽（Hazen）（≤）	100	400	100	400	100	400	400②
凝固点/℃	53.0～57.0		54.0～58.0		57.0～62.0		≥52.0
水分/%（≤）	0.1						0.2

①C_{18} 含量是指十八烷酸的含量。
②样品配制成 15%无水乙醇溶液。

工作任务

任务一　工业硬脂酸分析准备工作

一、样品的采集和制备

1．工业硬脂酸样品的采集

（1）确定批量。

一次交付的同一规格、同一批号的产品为一批。

（2）样品数。

在交货地点随机抽取样品，具体数量见表 6-2。

表 6-2　采取的样品数

交货件数	取样单位	交货件数	取样单位	交货件数	取样单位	交货件数	取样单位
30 件以下	3	31～50 件	5	51～100 件	6	100 件以上	7

（3）样品量。

从每个取样单位的任意部位等量采取 300～750 g，总量约为 2 kg，作为终样。

（4）采样方法。

用采样探子或其他合适的工具，从采样单元中采取有代表性的定向样品。

2．样品的保存

将所取样品经粉碎和充分混匀后，分三等份保存在洁净干燥的密封容器中，签封。生产单位、收购单位各执一份，另一份妥善保存以备仲裁检验使用。样品瓶外须标明产品名称、牌号、型号、制造厂名称、批号、取样日期及取样人等。保存期为一个月。

二、工业硬脂酸的检验规则

（1）出厂检验项目为外观、C_{18}含量、皂化值、酸值、碘值、色泽、凝固点水分。

（2）产品出厂必须有生产厂检验部门签发的合格证。

（3）购销双方如发生质量争议，一个月内可以聘请产品质量监督检验机构仲裁。

三、工业硬脂酸的标志、包装、运输、贮存

1．标志

包装箱（袋）上应有下列标志：生产厂名称、产品名称、注册商标、型号、净重、批号及包装日期。

2．包装

产品可使用纸箱（内衬一层洁净的牛皮纸）、聚丙烯编织袋（内衬塑料袋）包装。纸箱必须用包装带扎牢，编织袋及内衬塑料袋必须缝合。每箱（袋）净重 25 kg 或 50 kg。

3．运输

产品运输时必须有遮盖物，避免日晒、雨淋、受热。勿与碱性及其他腐蚀性物品混放。

4．保存

产品属可燃化学品，应保存在干燥通风的仓库中，避免暴晒，远离火源。

四、定性检验

1．试剂

三氯甲烷；冰醋酸；溴的三氯甲烷溶液（1+99）。

2．检验

（1）外观应为白色或黄色有滑腻感的片状、粒状或结晶性块状。其剖面有微带光泽的细针状结晶。

（2）取样品少许溶解于 10 mL 三氯甲烷中，加入 1 mL 冰醋酸和 1 mL 溴的三氯甲烷溶液，应呈现大红色（证明有硬脂酸）。

（3）以下列检验方法测定碘值、皂化值、酸值、凝固点等应接近或符合标准规定。

任务二　工业硬脂酸碘值的测定

碘值：100 g 硬脂酸试样所吸收的卤素，以相当量碘的克数表示。

一、测定原理

氯化碘与硬脂酸中不饱和酸起加成反应，用硫代硫酸钠标准滴定溶液滴定过剩的氯化碘和碘分子，计算出与硬脂酸中的不饱和酸反应所消耗的氯化碘相当的硫代硫酸钠标准滴定溶液的体积，再计算出碘值。反应式如下：

$$I_2 + Cl_2 \longrightarrow 2ICl$$

$$RCH \cdot CHR_2 + ICl \longrightarrow RCHI \cdot CHClR_2$$

$$ICl + KI \longrightarrow KCl + I_2$$

$$I_2 + 2Na_2S_2O_3 \longrightarrow 2NaI + Na_2S_4O_6$$

二、仪器、试剂

1．试剂

（1）乙酸。

（2）碘化钾水溶液：150 g/L。

（3）盐酸。

（4）环己烷-乙酸混合液：1+1。

（5）硫酸。

（6）碘。

（7）氯气：99.8%，或用浓盐酸滴加于高锰酸钾中，使生成的氯气通过盛有浓硫酸洗气瓶干燥的方法进行制备。

（8）淀粉指示液：10 g/L。

称取 1.0 g 淀粉，加 5 mL 水使成糊状，在搅拌下将糊状物加到 90 mL 沸腾的水中，煮沸 1～2 min，冷却后稀释至 100 mL。使用期一般为两周（若使用时发现变异味或浑浊需重新配制）。

（9）硫代硫酸钠标准滴定溶液：c（Na_2SO_3）= 0.1 mol/L。

① 配制。称取 26 g 硫代硫酸钠（$Na_2S_2O_3 \cdot 5H_2O$）（或 16 g 无水硫代硫酸钠），加 0.2 g 无水碳酸钠，溶于 1000 mL 水中，缓缓煮沸 10 min，冷却。放置两周后过滤。

② 标定。精确称取已于（120±2）℃干燥至恒重的工作基准试剂重铬酸钾 0.18 g（精确到 0.000 1g），置于碘量瓶中，溶于 25 mL 水，加 2 g 碘化钾及 20 mL 硫酸溶液（20+80），摇匀，于暗处放置 10 min。加 150 mL 水（15～20℃），用配制好的硫代硫酸钠溶液滴定，近终点时加 2 mL 淀粉指示液（l0 g/L），继续滴定至溶液由蓝色变为亮绿色。同时以水做空白试验。

③ 计算。硫代硫酸钠标准滴定溶液的浓度[c（Na_2SO_3）]，数值以 mol/L 表示，按下式计算：

$$c\,(\mathrm{Na_2SO_3})=\frac{m\times 1\,000}{(V_1-V_0)\ M}$$

式中，m —— 重铬酸钾的质量，g；

V_1 —— 硫代硫酸钠溶液的体积，mL；

V_0 —— 空白试验硫代硫酸钠溶液的体积，mL；

M —— 重铬酸钾的摩尔质量[M（1/6 $K_2Cr_2O_7$）= 49.031 g/mol]。

（10）氯化碘溶液（韦氏溶液）：溶解 13 g 碘于 1 000 mL 乙酸中（溶解时略加热），然后置于 1 000 mL 棕色瓶中。冷却后，倒出 100～200 mL 于另一棕色瓶中，置阴暗处供调整用。通入氯气至剩余的 800～900 mL 碘溶液中，至溶液由深色渐渐变淡直至呈橘红色透明为止。氯气通入量按校正方法校正后，用预先留存的碘溶液予以调整。

校正方法：分别取碘溶液及新配制的韦氏溶液 25.0 mL，各加入碘化钾溶液 20 mL，再各加入蒸馏水 100 mL，用 0.1 mol/L 硫代硫酸钠标准滴定溶液滴定至溶液呈淡黄色时，加淀粉指示剂 1 mL，继续滴定至蓝色消失为止，记录数据。新配制的韦氏溶液所消耗的硫代硫酸钠标准滴定溶液的体积应接近于碘溶液的两倍。

2．仪器

实验室常规仪器。

三、测定步骤

称取干燥试样 2～3 g（称准至 0.001 g，根据碘价的高低，称量可增减），置于碘量瓶中，加入环己烷-乙酸溶液 20 mL。待试样溶解后，用移液管加入韦氏溶液 25.0 mL，充分摇匀后置于 25℃左右的暗处保存 30 min。然后将碘量瓶从暗处取出，加入碘化钾溶液 20 mL，再加入蒸馏水 100 mL，用硫代硫酸钠标准滴定溶液滴定，边摇边滴定至溶液呈淡黄色时，加淀粉指示液 1 mL，继续滴定至蓝色消失为止。同时做空白试验。

四、分析结果的表述

1．硬脂酸碘值的计算

硬脂酸的碘值（I·V）以 g/100 g 表示，按下式计算：

$$\mathrm{I\cdot V}=\frac{(B-S)c\times 0.1269}{m}\times 100$$

式中，B —— 空白试验所消耗硫代硫酸钠标准滴定溶液的体积，mL；

S —— 试验份所消耗硫代硫酸钠标准滴定溶液的体积，mL；

0.126 9 —— 碘原子的毫摩尔质量，g/mmol；

c —— 硫代硫酸钠标准滴定溶液的浓度，mol/L；

m —— 试验份的质量，g。

2．允许差

以两次平行测定结果的算术平均值表示至小数点后两位作为测定结果。

在重复性条件下获得的两次独立测试结果的绝对差值不大于 0.05 g/100 g，以大于 0.05 g/100 g 的情况不超过 5%为前提。

任务三　工业硬脂酸皂化值的测定

皂化值：在规定的试验条件下，皂化 1g 硬脂酸试样所消耗的氢氧化钾毫克数。

一、仪器、试剂

1．试剂

（1）氢氧化钾-乙醇溶液：0.5 mol/L。

称取 160 g 氢氧化钾，溶于 100 mL 无二氧化碳的水中，摇匀，置于聚乙烯容器内，密闭放置 24 h，至溶液清亮。按表 6-3 给出的对应浓度，用塑料管量取规定体积的清液，用 95%乙醇（必要时采用优级纯的无水乙醇）稀释至 1 000 mL，摇匀。

表 6-3 氢氧化钾-乙醇溶液配制方法

氢氧化钾标准滴定溶液浓度 [c(KOH)]/（mol/L）	量取氢氧化钾溶液体积 V/mL	称取工作基准试剂邻苯二甲酸氢钾质量 m/g	加入无二氧化碳水体积 V/mL
1	50	7.5	80
0.7	35	5.3	80
0.5	25	2.5	80
0.2	10	1.5	80
0.1	5	0.8	80

（2）盐酸标准滴定溶液：c（HCl）= 0.5 mol/L。

（3）酚酞指示液：10 g/L。

2．仪器

（1）恒温水浴或电热板。

（2）实验室常规仪器。

二、测定步骤

称取 2 g 试样（称准至 0.001 g）于锥形瓶中，用移液管加入氢氧化钾乙醇溶液 50 mL，然后装上回流冷凝管，置于水浴或电热板上维持微沸状态 1 h。勿使蒸气逸出冷凝管。停止加热，稍冷取下冷凝管后，加入酚酞指示液 6 滴，趁热以盐酸标准滴定溶液滴定至红色恰消失为止。同时在相同条件下做空白试验。

三、分析结果的表述

1．硬脂酸皂化值的计算

硬脂酸的皂化值（SV）以 mg/g 表示，按下式计算：

$$\mathrm{SV}=\frac{(V_2-V_1)c\times 56.1}{m}$$

式中，V_2 —— 空白试验所消耗盐酸标准滴定溶液的体积，mL；

V_1 —— 试验份所消耗盐酸标准滴定溶液的体积，mL；

c —— 盐酸标准滴定溶液的浓度，mol/L；

56.1 —— 试验中以克表示的氢氧化钾的摩尔质量，g/mol；

m —— 试验份的质量，g。

2．允许差

以两次平行测定结果的算术平均值表示至小数点后一位作为测定结果。

在重复性条件下获得的两次独立测试结果的绝对差值不大于 1.0 mg/g，以大于 1.0 mg/g 的情况不超过 5%为前提。

任务四　工业硬脂酸酸值的测定

酸值：中和 1 g 硬脂酸试样所消耗的氢氧化钾毫克数。

一、仪器、试剂

1．试剂

（1）氢氧化钾-乙醇标准滴定溶液：c（KOH）= 0.1 mol/L。

① 配制。溶液的配制方法与皂化值测定中氢氧化钾-乙醇溶液的配制方法相同。

② 标定。按表 6-3 对应浓度称取于 105～110℃电烘箱中干燥至恒重的工作基准试剂邻苯二甲酸氢钾（精确到 0.000 1 g）于 250 mL 锥形瓶中，溶于规定量的无二氧化碳的水，加 2 滴酚酞指示液，用配制好的氢氧化钾-乙醇溶液滴定至溶液呈浅粉红色，并保持 30 s 不褪色，同时以水做空白试验。临用前标定。

③ 计算。氢氧化钾-乙醇标准滴定溶液的浓度[c（KOH）]，数值以 mol/L 表示，按下式计算：

$$c\,(\mathrm{KOH})=\frac{\mathrm{m}\times 1\,000}{(V_1-V_0)\ \mathrm{M}}$$

式中，m—— 邻苯二甲酸氢钾的质量，g；

V_1—— 氢氧化钾-乙醇溶液的体积，mL；

V_0—— 空白试验氢氧化钾-乙醇溶液的体积，mL；

M—— 邻苯二甲酸氢钾的摩尔质量（M = 204.22 g/mol）。

（2）95%乙醇：以酚酞做指示剂，用氢氧化钾溶液中和至淡粉色。

（3）酚酞指示液：10 g/L。

2．仪器

实验室常规仪器。

二、测定步骤

称取 1 g 试样（称准至 0.000 1 g）于锥形瓶中，加乙醇约 70 mL，加热使其溶解。加酚酞指示液约 6 滴，立即以氢氧化钾-乙醇标准滴定溶液滴定至呈淡粉色，维持 30 s 不褪色为终点。

三、分析结果的表述

1．硬脂酸酸值的计算

硬脂酸的酸值（A·V）以 mg/g 表示，按下式计算：

$$A\cdot V=\frac{Vc\times 56.1}{m}$$

式中，V —— 试验份所消耗氢氧化钾标准滴定溶液的体积，mL；

c —— 氢氧化钾标准滴定溶液的浓度，mol/L；

56.1 —— 试验中以克表示的氢氧化钾的摩尔质量，g/mol；

m —— 试验份的质量，g。

2．允许差

以两次平行测定结果的算术平均值表示至小数点后一位作为测定结果。

在重复性条件下获得的两次独立测试结果的绝对差值不大于 0.5 mg/g，以大于 0.5 mg/g 的情况不超过 5%为前提。

任务五 工业硬脂酸色泽的测定

一、测定原理

根据脂肪酸与铂-钴标准色号有相似光谱吸收的特性，用分光光度计在一定波长下，测定一系列标准色度的吸光度，绘出工作曲线。在相同波长下测定试样的吸光度，对照已绘出的工作曲线，查得相应的脂肪酸色泽值。以铂-钴色度单位（Hazen）表示之。

二、仪器、试剂

1．试剂

（1）六水合氯化钴（$CoCl_2\cdot 6H_2O$）。

（2）氯铂酸钾（K_2PtCl_6）。

（3）盐酸。

2．仪器

（1）分光光度计：波长范围 360～800 nm，附有 10 cm 比色皿。

（2）恒温水浴。

（3）实验室常规仪器。

三、测定步骤

1．标准工作曲线的绘制

（1）标准色度母液的制备。

溶解六水合氯化钴 1.00 g 和氯铂酸钾 1.245 g 于 1 000 mL 容量瓶中，加盐酸 100 mL，用水稀释至刻度，摇匀，贮于棕色瓶中。

注：标准色度母液可以用分光光度计以 1 cm 比色池在波长 430 nm 处检查其吸光度。吸光度范围应为 0.110～0.120。

（2）标准色度溶液的制备。

将标准色度母液按表 6-4 所列的体积数分别移入 20 只 100 mL 容量瓶中，用蒸馏水稀释至刻度，摇匀，即成铂-钴标准色度溶液。

表 6-4 铂-钴标准色度溶液的配制

铂-钴色度单位/Hazen	5	10	15	20	25	30	35	40	50	60
吸取标准母液/mL	1	2	3	4	5	6	7	8	10	12
铂-钴色度单位/Hazen	70	100	150	200	250	300	350	400	450	500
吸取标准母液/mL	14	20	30	40	50	60	70	80	90	100

（3）铂-钴色度单位（Hazen）-吸光度（A）标准工作曲线的绘制。

将配制的 20 只铂–钴标准色度溶液，逐一置于 10 cm 比色池中。用蒸馏水作参比，以分光光度计在波长 420 nm 处测定其吸光度（A）。以铂-钴色度单位（Hazen）为纵坐标，吸光度（A）为横坐标，分两段绘制标准工作曲线，第一段色度值 0～60，第二段色度值 50～500。

2．样品测定

将试样放入干燥洁净的 50 mL 的烧杯中，在水浴上加热至（75±5）℃，待全部熔化后，立即倒入预先在 75℃温热过的 10 cm 比色池中，用蒸馏水作参比，以分光光度计在波长 420 nm 处进行测定，读出吸光度数值。以三次重复测定的平均值作为最后测定的结果。

注：因硬脂酸的凝固点较高，为保证试样的透光效果，可做一棉花布套，套在已倒入试样的比色池外，置于 75℃恒温烘箱中 10 min，取出后立即在已调节好的分光光度计上测量。

四、分析结果的表述

（1）将所测吸光度（A）平均值，在铂-钴色度单位（Hazen）-吸光度（A）标准工作曲线上，查得相应的色度值；或将吸光度（A）平均值代入直线方程式，求得色度值，此值即为试样的色泽。

（2）允许差。

三次测定结果极差不大于 0.005。

任务六 工业硬脂酸凝固点的测定

凝固点：按规定程序，硬脂酸冷却至熔点以下，凝固时达到的最高温度。

一、仪器

1．温度计

50～100℃，分度 0.1℃，需校准。

2．凝固管

直径约 25 mm，长 100 mm，离底部约 57 mm 处有一刻度，管口配有软木塞，软木塞有两孔，中间一孔插入温度计，另一孔插入玻璃（或不锈钢）搅拌器。

3．广口瓶

450 mL，瓶颈内径约 38 mm，瓶口配带有直径为 25 mm 孔的软木塞。

4．搅拌器

玻璃或不锈钢，下端弯成直径为 20 mm 的圆环与杆垂直。

测定凝固点所用的仪器设备见图 6-1。

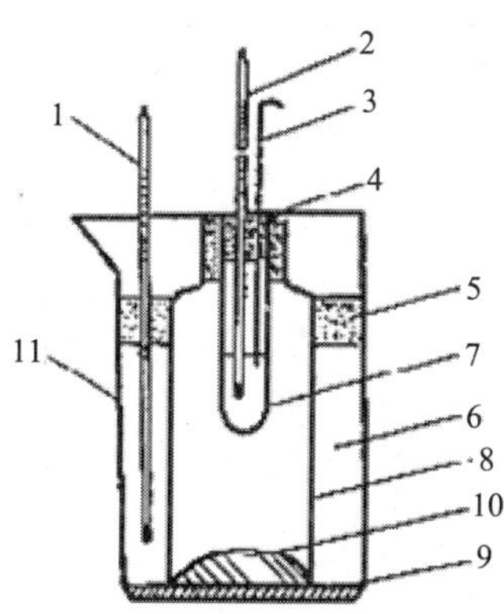

1—温度计；2—精密温度计；3—搅拌器；4，5，9—软木塞（垫）；6—水浴；7—凝固管；8—广口瓶；10—重物；11—烧杯

图 6-1 凝固点测定装置

二、测定步骤

熔化约 30 g 试样，使其温度至少应高于凝固点 10℃。置于凝固管中至刻度，插入温度计和搅拌器，使温度计的水银球在刻度下约 45 mm 处。置凝固管于有软木塞的广口瓶中，保持水浴温度在 30℃左右，用套在温度计上的搅拌器以上下约 40 mm 的幅度均匀搅拌（约 80～100 次/min），并注意观察温度。当温度停止下降达 30 s 时，立即停止搅拌，并仔细观察温度骤然上升。

三、分析结果的表述

（1）上升之最高温度，即为该试样的凝固点（准确至 0.1℃）。

（2）允许差。以两次测定结果的算术平均值表示至小数点后一位作为测定结果。

在重复性条件下获得的两次独立测试结果的绝对差值不大于 0.2℃，以大于 0.2℃的情况不超过 5%为前提。

任务七　工业硬脂酸水分的测定

一、仪器

（1）恒温烘箱：可控温（105±1）℃。

（2）称量瓶：50 mL，低型。

（3）干燥器：内置变色硅胶。

（4）实验室常规仪器。

二、测定步骤

称取 10 g 试样（称准至 0.001 g）于已恒重的洁净称量瓶中，放入（105±1）℃恒温烘箱中，移开称量瓶盖烘 2 h，然后盖上盖，取出放入干燥器中冷却 30 min 后称量。

三、分析结果的表述

1．硬脂酸水分的计算

硬脂酸的水分 w 以质量分数%表示，按下式计算：

$$w=\frac{m_0-m_1}{m_0}\times 100$$

式中，m_0—— 试样的质量，g；

m_1—— 干燥后试样的质量，g。

2．允许差

以两次测定结果的算术平均值表示至小数点后两位作为测定结果。

在重复性条件下获得的两次独立测试结果的绝对差值不大于 0.02%，以大于 0.02%的情况不超过 5%为前提。

任务八　工业硬脂酸无机酸的测定

一、仪器、试剂

1．试剂

（1）硫酸。

（2）硫酸标准溶液：c（H_2SO_4）= 0.001%。

量取浓硫酸 7.5 mL，缓慢倒入少量蒸馏水中，不断搅拌，然后稀释至 1 000 mL[c_0（H_2SO_4）≈ 0.1 mol/L]。用基准试剂无水碳酸钠标定其浓度。

称取于 270～300℃高温炉中灼烧至恒重的工作基准试剂无水碳酸钠 0.21～0.32 g（精确到 0.000 1 g）于 250 mL 锥形瓶中，溶于规定量的水，加 10 滴溴甲酚绿-甲基红指示液，用配制好的硫酸溶液滴定至溶液由绿色变为暗红色，煮沸 2 min，冷却后继续滴定至溶液再呈暗红色。

将已标定的硫酸按 1/[c（H_2SO_4）×0.98]计算所需硫酸溶液的毫升数。量取此计算体积的硫酸溶液，注入 250 mL 容量瓶中，用蒸馏水稀释至刻度，充分摇匀后，再吸取 25.00 mL，注入 1000 mL 容量瓶中，用蒸馏水稀释至刻度，混匀，即为 0.001%标准溶液。

（3）甲基橙指示液：1 g/L。

2．仪器

实验室常规仪器。

二、测定步骤

称取 5 g 试样（精确至 0.1 g），置于洁净干燥的 50 mL 烧杯中，加热使其熔化。用量筒加入煮沸过的蒸馏水 5 mL，加热搅拌 2 min，冷却使硬脂酸凝固。取出硬脂酸块，将溶液倒入无色试管中，加 1 滴甲基橙指示液。

在另一无色试管中加入与浸出液等体积 0.001%硫酸标准溶液，加 1 滴甲基橙指示液，二者进行比色。

三、分析结果的表述

目视比较两者的色泽。试样溶液色泽不深于硫酸标准溶液，即视为无机酸低于 0.001%。

任务九　工业硬脂酸灰分的测定

一、仪器

（1）瓷坩埚：50 mL。
（2）干燥器：内置变色硅胶。
（3）高温电炉：可控温，可加热至 1 000℃。
（4）实验室常规仪器。

二、测定步骤

称取约 10 g 试样（称准至 0.001 g）于已灼烧至恒重的瓷坩埚中，在电炉上加热并点火使之完全炭化。然后移入（825±10）℃的高温电炉中，灼烧 40 min，取出稍冷移入干燥器内，冷却至室温，称量。

三、分析结果的表述

1．硬脂酸灰分的计算

硬脂酸的灰分（A）以质量分数%表示，按下式计算：

$$A=\frac{m_1-m_0}{m}\times 100$$

式中，m_1—— 灰分和瓷坩埚的质量，g；

m_0—— 空瓷坩埚的质量，g；

m—— 试验份的质量，g。

2．允许差

以两次测定结果的算术平均值表示至小数点后三位作为测定结果。

在重复性条件下获得的两次独立测试结果的绝对差值不大于 0.005%，以大于

0.005%的情况不超过 5%为前提。

知识链接

一、工业硬脂酸生产原料及应用

1．生产原料

硬脂酸是现代工业生产中的一种重要的化工原料。我国可供生产硬脂酸的油脂原料非常丰富，种类很多。现将常用油种简介如下。

（1）天然原料。

① 桕油、梓油、木油。这三种油都是由乌桕籽制取的。乌桕籽树是我国的特产，落叶乔木，喜温暖，怕寒冷，大都分布在长江流域及其以南地区。从乌桕籽中可以制出桕油和梓油两种油。乌桕籽的外皮有一层白色的蜡状物，叫桕白。用桕白制成的油是白色固体，叫作桕蜡，俗称桕油或皮油。乌桕籽的种子叫梓籽。用梓籽仁榨出的油是红棕色液体，叫作梓油。如果将乌桕籽混合压榨，可以制出一种半固体的混合油脂，俗称木油。

桕油和梓油的脂肪酸组成和性质是不同的。桕油脂肪酸几乎完全由棕榈酸和油酸组成，棕榈酸与油酸之比约为 2∶1，它是硬脂酸工业和制皂工业的上等原料，容易从桕油脂肪酸中分离出纯度较高的棕榈酸和油酸。桕油的主要甘油三酸酯是棕榈酸–油酸–棕榈酸（POP），含量达到 80%；其次为棕榈酸–棕榈酸–棕榈酸（PPP），类似可可脂，为代可可脂的理想原料。梓油为高度不饱和油脂，它由 70%的普通甘油三酸酯和 30%的稀有不饱和脂肪酸的甘油四酸酯组成。

② 棕榈油。棕榈油是提供生产 C16～C18 脂肪酸的原料，东南亚地区拥有丰富的棕榈油和椰子油。

棕榈油是由新鲜油棕果实（也叫油椰子）中所得的油。油棕属于棕榈科，产于热带和亚热带。油的颜色因含有胡萝卜素而呈黄棕色，须经高温处理才能除去。

它的脂肪酸组成为：十六烷酸 32.3%～45.1%，十八烷酸 3.7%～6.3%，十四酸 0.6%～2.4%，油酸 38.0%～52.4%，亚油酸 6.4%～10.3%。碘值 32～55，皂化值 190～202。

棕榈油中含有大量十六烷酸，是生产硬脂酸的优良原料。但它在我国产量较少，主要产在海南岛一带。

③ 牛油、羊油。

牛油，又称牛脂。由熬煮牛的内脏脂肪组织而得，因含有胡萝卜素而略呈黄色。它的脂肪酸组成为：十六烷酸 27%～29%，十八烷酸 24%～29%，十四酸 2.0%～2.5%，油酸 43%～45%，亚油酸 2%～5%。碘值 32～55，皂化值 190～202。

羊油，又称羊脂。主要由熬煮羊的内脏脂肪组织而得，组成性质与牛脂相近。脂肪酸组成为：十六烷酸 25%～27%，十八烷酸 25%～31%，十四酸 2%～4%，油酸 36%～43%，亚油酸 3%～4%。碘值 31～47，皂化值 194～199。

由于牛、羊品种、生产地、饲养方法、油脂制取季节和方法等的不同，牛、羊油的脂肪酸组成是不同的，油的质量也有差异。以色泽、酸值、碘值、凝固点等区分其质量优劣。一般以色泽浅、酸值小为质优。

牛油、羊油也是生产硬脂酸的好原料。但由于牛羊油精制后可以食用，目前不是生产硬脂酸的主要油种。

④ 棉籽油。棉花是重要的经济作物，是植物纤维的主要来源，在我国分布广泛，几乎各地都有种植，产量丰富。整粒棉籽含油为 17%～26%，去壳的棉仁含油为 31%～39%。粗制棉籽油呈红棕至棕色，含有少量有毒的棉酚，经碱炼后可以除去，成为淡黄色无毒的油脂，可食用。棉籽油大量用于制皂和硬脂酸、油酸工业，是我国生产硬脂酸和油酸的最主要油种。

棉籽油脂肪酸组成为：十六烷酸 20%～22%，十八烷酸 2%，十四酸 0.3%～0.5%，二十酸 0.1%～0.6%，油酸 30%～35%，亚油酸 40%～45%。碘值 101～116，皂化值 191～199。

⑤ 米糠油。我国是世界上最主要的产稻国之一，米糠是稻谷碾成米时的副产品。米糠中含油 14%～24%，用压榨法或萃取法可制取米糠油。其脂肪酸组成为：十六烷酸 11.7%～20%，十八烷酸 1.7%～2.5%，十四酸 0.4%～0.6%，二十酸 0.5%，油酸 37%～43%，亚油酸 26%～35%。碘值 91～115，皂化值 183～194。

⑥ 骨油。骨油是从动物的骨骼中熬煮、萃取或压榨得到的油脂。是一种低级的动物油脂，呈深黄色至棕褐色。脂肪酸组成为：十六烷酸 20%～21%，十八烷酸 19%～21%，油酸 50%～55%，亚油酸 5%～10%。碘值 46～56，皂化值 190～195。

骨油由于杂质多、色泽深，只能生产 800 型硬脂酸。它含有 50%以上的油酸，是生产油酸的好原料。

⑦ 茶油。茶油得自山茶的种子，含油量 50%左右，饮用茶叶的茶种子含油量较少，约在 30%左右。茶油色泽淡黄，可以食用。其脂肪酸组成为：十六烷酸 9.9%，十八烷酸 1.1%，十四酸 1%，油酸 70.2%，亚油酸 16.5%。碘值 80～90，皂化值 188～196。

茶油可以生产硬脂酸，但由于它含油酸在 70%左右，所以主要用于生产油酸。

⑧ 漆油。漆油又称漆蜡或漆脂。是由漆树、野漆树的果皮中取得的，我国西南各地均有出产。其十六烷酸含量可达到77%～79%，十八烷酸5.9%，油酸12%。碘值5～18，皂化值205～230。它可与棉籽油等其他油种配合，生产硬脂酸。

⑨ 猪油。猪油为我国生产量较大的动物油脂，是制皂工业和硬脂酸工业的常用原料。猪油由于品种、产地等的不同，特别是由于熔炼部位和来源不同，组成和质量差异较大。肉类加工厂熔炼的板油和花油质量较好，凝固时为白色或浅黄色。皮革厂回收的叫刮皮油，质量较差，成分比较复杂，常含有蛋白质和骨髓等。

猪油的脂肪酸组成约为十六烷酸28%，十八烷酸12%，十四酸1.3%，油酸36%，亚油酸4.3%。碘值53～77，皂化值190～202。

以上介绍了我国生产硬脂酸与油酸的主要油种。我国油脂资源丰富，油种很多，能做硬脂酸与油酸生产原料的绝不仅以上几种，但是，我们也应注意，并不是所有油脂都能用作生产硬脂酸和油酸的原料。油脂中的脂肪酸组成若不以十六碳、十八碳脂肪酸为主，而是含有较多的二十碳以上高碳酸或十四碳以下的脂肪酸，或含有羟基酸等，这类油脂都不适于生产硬脂酸和油酸。比如椰子油、棕榈仁油和蓖麻油。

（2）合成原料——氢化油。

天然油脂中所含饱和脂肪酸成分是较少的，特别是植物油脂，所含饱和脂肪酸成分更少，而含有大量不饱和的油酸或亚油酸。表现在物理性质上是熔点较低，在常温下呈液态。这种液态的含大量不饱和脂肪酸的油脂是不能直接用作原料生产硬脂酸的，液体油脂原料首先要经过氢化。

油脂的氢化过程就是用氢气加成在不饱和脂肪酸甘油酯的双键上，使不饱和脂肪酸甘油酯变为饱和脂肪酸甘油酯，从而使液体油脂变为固体油脂，提高熔点，降低碘价。油脂的氢化产物叫氢化油，俗称硬化油。

油脂的氢化包括原料油脂精制、氢气的制造与精制、催化剂制作及再生、油脂加氢、氢化油脂过滤等工序。一般在专门的氢化油厂或氢化车间进行，是一个独立的工业部门，不包括在硬脂酸制造工艺以内。硬脂酸工业要求用极度氢化油。目前我国氢化油厂已遍及各地，为硬脂酸工业、制皂工业等提供原料。

2．应用

硬脂酸的应用已有150年左右。最初是用于制造蜡烛，以后，随着石油工业的发展，蜡烛主要用石蜡制造，但硬脂酸的用量并没有减少。由于硬脂酸无毒、无味、熔点高、流动性好，具有可塑性、润滑性等特点，因此在许多工业部门得到越来越多的应用，成为用途日益广泛的轻工、化工原料。

硬脂酸主要用于生产硬脂酸盐，广泛用作塑料耐寒增塑剂、稳定剂、表面活性剂、脱模剂、橡胶硫化促进剂、医药缓解剂，抛光膏、金属矿物浮选剂、高熔点润滑剂、防水剂等的原料，还用作化妆品霜剂、蜡笔润滑剂、硬脂酸甘油酯的乳化剂等。

二、工业硬脂酸的生产工艺

油脂是脂肪酸工业的主要原料。硬脂酸生产首先是将油脂进行水解制成脂肪酸，然后将合成脂肪酸中固体和液体进一步分离得到粗制的硬脂酸和油脂。国内现行以合成脂肪酸为原料生产硬脂酸的方法有压榨法、连续精馏法、乳化分离法、溶剂结晶法（萃取法）、分馏法、脂肪酸加氢法等。

1．压榨法

压榨法是以动物为原料，在氧化锌存在下于 1.17～1.47 kPa 压力下水解，经酸洗、水洗、蒸馏、冷却、凝固、压榨除去油酸后得成品。

压榨法包括配方的制订、脂肪酸的分布结晶、脂肪酸的压榨等过程。由于形成板状结晶有利于压榨和分离，而生产中油脂原料配比决定着混合脂肪酸能否生成满意的板状晶型，因此，化验室要对每批原料油脂的皂化值、酸值和碘值等进行测定，根据测定结果计算出脂肪酸实验配方，再在化验室进行几个小型配方验证，以确定投产的实际配方。

在经过验证配比后油脂中加入催化剂，加热水解并通过蒸馏除去未分解的油脂和杂质，使产品达到理化指标，再采用分布结晶得到粗大的结晶型，再经外加压力（加压半成品和冷压油酸）使硬脂酸、棕榈酸和油酸分离。化验室要在浇盘前进行小样结晶，测量结晶是否合乎要求，并及时进行调整。通常所得油酸凝固点在 5～7.5℃，若在 25℃以上需进行二次压榨。压榨工序包括冷压、精压、热压三个环节，料冷后 80～90℃时刮片，以工业三级硬脂酸为主产品。

压榨分离法是传统的固液分离工艺，主要产品是油酸和硬脂酸，其副产品老焦、合脂油及甘油水可用于建筑和铸造等方面。该工艺具有加工简单、成本低、无污染且产品质量好等优点。但劳动强度大，脂肪酸循环操作量大。

2．乳化分离法

乳化分离法是利用混合脂肪酸中饱和脂肪酸和不饱和脂肪酸熔点的不同，加入乳化剂、电解质、水进行搅拌，控制合适的温度经高速离心机使之进行液–液分离。把分离的饱和酸再与极度氢化油分解的脂肪酸配比，得到十六烷酸与十八烷酸的比例是 55:45 的工业硬脂酸。

乳化法只能适应于含不饱和脂肪酸成分多、碘值高的原料，多用于精油酸的生产。最好的产品碘值只能达到 6～10，乳化法主要生产工业三级硬脂酸。

3．溶剂结晶分离法

溶剂结晶分离法（萃取法）是1940年埃默公司开发的用甲醇作溶剂在低温下析出结晶，并实现了工业化。其基本原理是：混合脂肪酸能溶解于有机溶剂中，根据混合脂肪酸中硬脂酸和油酸在有机溶剂中溶解度不同，选择适当的分离温度，使硬脂酸在有机溶剂中先进行分步结晶分离，油酸仍留在溶剂中，从而使两者得以分离，可得到碘值为5～6的硬脂酸产品。

溶剂结晶分离法工业上采用的溶剂主要是甲醇，由于我国甲醇的来源困难和毒性大，多选择乙醇和冰乙酸。国外有的企业还采用异丙醇、丙酮、糠醛、环己烷、三氯甲烷、乙酸乙酯、乙腈、液化丙烷等，都被认为是较好的溶剂。

溶剂结晶分离法得到的硬脂酸热稳定性能较好，无异味，可实现机械化及自动化连续生产。但该法应注意生产过程中水的添加量，防止酯化反应。另外回收率低，挥发进入空气中污染空气。

4．脂肪酸加氢法

脂肪酸加氢生成硬脂酸，是在催化剂作用下，脂肪酸与氢气反应，使不饱和双键变成饱和键，从而得到各种用途的硬脂酸。目前国内生产硬脂酸的中小型企业多采用进口棕榈油或精炼动、植物油为原料，经加氢、水解、酸处理、蒸馏生产硬脂酸。其工艺大致流程为：油脂→预处理→氢化→过滤→水解→粗脂肪酸→蒸馏→产品。

由于该工艺不能利用低档油脂，不能联产价格较高的油酸、回收甘油难度较大，存在油耗高、油源范围窄、催化剂易中毒、产品成本高等缺点，生产的硬脂酸市场竞争能力小。

据报道，安徽省国家脂肪酸研究所研制开发的硬脂酸生产新技术，可以杂质较多的高酸值低质油脂及油脚为原料，先通过高温、高压水解，蒸馏得到精致混合脂肪酸（碘值为50～110），混脂酸可直接加氢，也可分离出油酸后对固体脂肪酸（碘值＜50）进行加氢生产硬脂酸的专利技术。该工艺路线简单，油源范围变宽，能充分利用我国的劣质油料资源，原料及生产成本低，且产品质量好，并可应用于工业化生产。

三、工业硬脂酸的工艺流程

1．传统硬脂酸生产工艺

传统硬脂酸、甘油的生产工艺如图6-2所示。

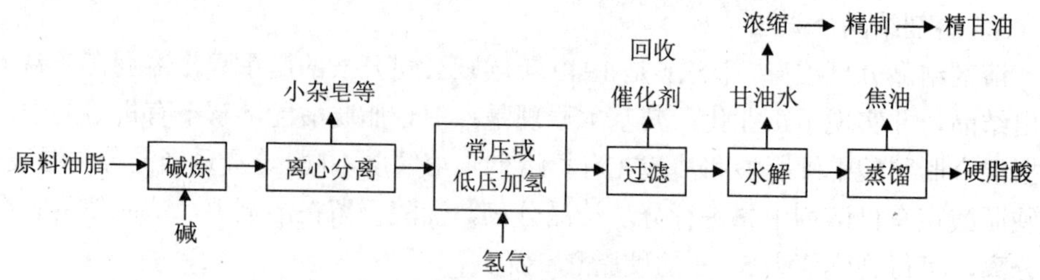

图 6-2 传统硬脂酸、甘油生产工艺

传统硬脂酸生产工艺有很大的局限性：

① 原料依赖棕榈油、精制动植物油等高档油脂，原料成本高，处理餐饮杂油等低档油脂难度较大，难以发挥效益。

② 加氢条件要求苛刻，油脂中的少量胶体色素、蛋白、不皂化物等常常使催化剂中毒失活。

③ 需经碱炼处理脂肪酸，甘油损失较大。

④ 不能联产油酸。

⑤ 甘油回收时物料加热时间长，色泽深、品质差、效益低。

2．脂肪酸催化加氢的生产工艺与检测

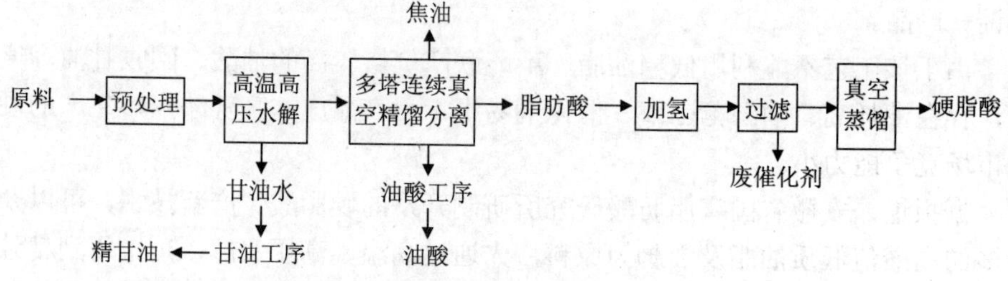

图 6-3 直接氢化生产硬脂酸新工艺

脂肪酸直接加氢新工艺制硬脂酸是目前国际上较先进的工艺，其技术关键是油脂先水解再氢化和使用高性能催化剂。该工艺（图 6-3）的大致流程：油脂→水解→粗酸精馏→脂肪酸氢化→过滤→蒸馏→产品。

（1）原料的处理。

新工艺以含杂质较多的高酸值低质油脂及油脚（如餐饮泔水油、牛羊油、骨油、皮油、植物油、棉油脚、豆油脚、菜油脚等）为原料，可用机械除杂和油水分离除去大杂质，化验室要对每批原料进行酸值分析，根据颜色深浅基本确定酸洗和水洗次数。

（2）油脂的水解。

原料水洗后，化验室进行采样分析，根据实验数据及中试放大实验确定水解的工艺条件。

油脂水解是水在油相内进行的反应，影响水解的主要因素之一是水在油中的溶解度，当温度逐渐升高时，水在脂肪酸中的溶解性会显著提高；同时油脂水解为可逆反应，为提高水解度，必须及时将甘油从反应区移去。出塔甜水和脂肪酸经真空脱去水分后进入下一工序。国内中小型企业多采用间歇法（一次进料，多次换水的方式）或连续水解法（多塔法和单塔法）。

（3）脂肪酸蒸馏。

将水解产物在高效填料塔内进行高温蒸馏，除去水解后粗脂肪酸夹带的杂质和色素，以达到精制目的。化验室要测定蒸馏后的脂肪酸中硫和磷的含量，以确定催化剂的添加量。

由于脂肪酸为热敏性物质，常压下沸点高达 350～370℃，在空气中受热易氧化和聚合，在高温下长时间停留还将发生分解反应。故常采用高真空或水蒸气真空蒸馏，以降低脂肪酸沸点。高效填料塔从下至上有洗涤层、冷凝层和轻馏分洗涤层三段填料层，该装置设备简单，可使压力降至 266.6～333.3 Pa（2～2.5 mmHg），蒸馏温度降至 215℃以下，可有效避免脂肪酸在高温下长时间停留容易引起的色泽升高现象，提高脂肪酸成品色泽的稳定性。

（4）脂肪酸加氢。

把蒸馏后的物料加入脂肪酸加氢釜（容积 2000 mL，专利号：ZL95223148.4），按比例加入镍型催化剂，通氮置换脱氧，在高温低压下进行加氢反应，反应到压力表 30 min 不再下降，表明反应到达终点，化验室须采样化验产品是否符合国家标准要求，检验合格后方能出料，再进行过滤硬脂酸粗品。

（5）硬脂酸粗品的提纯及成型。

采用真空负压蒸馏的方法对硬脂酸粗品提纯，硬脂酸成型可采用片状或粒状造片机。

四、基本有机化工

基本有机化工是基本有机化学工业的简称，也称基本有机合成工业，是以石油、天然气、煤等为基础原料，主要生产各种有机原料的工业。它是发展各种有机化学品生产的基础，是现代工业结构中的主要组成部分。

19 世纪末期开始了碳化钙的电炉法工业生产，以煤为基础原料，从乙炔合成基本有机产品创造了条件。至 1910 年前后，在德国实现了由乙炔制四氯乙烷、三氯乙烯、乙醛、乙酸等的工业生产，其后到第二次世界大战前，由乙炔合成的其他产品在德国相继投入生产。以煤为基础原料的另一条主要路线，是从合成气或一氧化碳合成基本有机产品，1923 年合成甲醇在德国的成功，开始了以合成气作为一种工业合成原料的发展历史。随着石油炼制工业的发展，利用石油烃类原料合成有机产品一直受到注意。一方面由石油烃出发，经裂解制烯烃、制乙炔和转化为合成气等过程相继实现工业生产；另一方面，自 1920 年由丙烯合成异丙醇投入工业生产以后，以烯烃为起点的有机合成工业不断得到很大发展。以上说明基本有机化工从以煤为基础原料转向以石油烃类为基础原料，以及从以乙炔为原料的合成转向以烯烃为原料的合成。从总体来说，基本有机化工的很大一部分或主要部分也是常称的石油化工。

1．原料

基本有机化工的直接原料包括氢气、一氧化碳、甲烷、乙烯、乙炔、丙烯、C4 以上脂肪烃、苯、甲苯、二甲苯乙苯等（它们来源于石油、天然气和煤）。从原油、石油馏分或低碳烷烃的裂解气（见裂解气分离）、炼厂气以及煤气，经过分离处理，可以制得用于不同目的的脂肪烃原料；从催化重整的重整汽油、烃类裂解的裂解汽油以及煤干馏的煤焦油中，可以分离出芳烃原料；适当的石油馏分也可直接用作某些产品的原料；由湿性天然气可以分离出甲烷以外的其他低碳烷烃；从煤气化和天然气、炼厂气、石油馏分或原油的蒸气转化或部分氧化可以制得合成气；由焦炭制得的碳化钙，或由天然气、石脑油裂解均能制得乙炔。

2．产品

基本有机化工产品的品种繁多，按所用原料分为：合成气和甲烷系产品；乙烯系产品；丙烯系产品；C4 以上脂肪烃系产品；乙炔系产品；芳烃系产品。

（1）合成气和甲烷系产品。

天然气中甲烷的化工利用主要有三个途径：在镍催化剂作用下经高温水蒸气转化或部分氧化制成合成气，进一步合成甲醇、高级醇、尿素以及一碳化学品；也可部分氧化制乙炔，发展乙炔工业；还可直接生产各种化工产品，如炭黑、氢氰酸、各种卤代甲烷、硝基甲烷等。合成气系统产品指以合成气为原料的产品，并包括以甲醇和 CO 为原料的产品（是一碳化学的重要组成部分）。

（2）乙烯系产品。

由乙烯出发可以生产许多重要的基本有机化学工业的产品。乙烯聚合可得到高压聚乙烯、低压聚乙烯、线性低密度聚乙烯和乙丙橡胶；氧化得到环氧乙烷、二氯乙烷和乙醛；另外还可制得乙酸乙烯、乙苯、丁烯、乙醇等。

（3）丙烯系产品。

丙烯系产品的重要性，在基本有机化学工业中仅次于乙烯系的产品。其主要产品有：丙烯通过聚合反应得到聚丙烯、乙丙橡胶、丙烯三聚体和四聚体；丙烯氧化得到丙烯醛、丙烯酸、丙酮及与氨氧化得到丙烯腈等，另外，由丙烯还可得到氯丙烯、环氧氯丙烷、环氧丙烷、异丙醇、异丙苯等化工产品。

（4）碳四烃系产品。

从油田气、炼厂气（包括石油液化气）和烃类裂解制乙烯的副产品中都可获得碳四烃，但由于来源不同，所能获得的碳四烃也不同。油田气中主要含有碳四烷烃；炼厂气中除碳四烷烃外，尚含有大量碳四烯烃，裂解制乙烯副产品的碳四馏分主要是碳四烯烃和二烯烃。然而有一点是共同的，那就是从上述来源获得的碳四烃都是复杂的混合物，要获得单一的碳四烃原料，必须经过分离。碳四烃来源丰富，是基本有机化学工业的重要原料，其中尤以正丁烯、异丁烯和丁二烯最为重要，其次是正丁烷。

（5）芳烃系产品。

芳烃中以苯、甲苯、二甲苯和萘最为重要。苯、甲苯和二甲苯不仅可以直接作为溶剂，而且可以进一步加工成各种基本有机化工产品。其中苯通过取代可制得乙苯、异丙苯、十二烷基苯、氯苯，加氢得环己烷，氧化制得顺丁烯二酸酐等。由甲苯可制得苯甲酸、甲乙苯、二甲苯等，由二甲苯氧化可得对苯二甲酸、间苯二腈和邻苯二甲酸等。

（6）乙炔系产品。

乙炔直接加成得到的主要产品有乙醛、乙酸、氯乙烯、乙酸乙烯、1,4-丁二醇和丙烯腈等。另外，通过聚合可制得乙烯基乙炔，进一步加成得丁二烯和 2-氯丁二烯；或直接氯化得到三氯乙烯和四氯乙烯。

3．产品用途

基本有机化工产品的用途可概括为三个主要方面：一是生产合成橡胶、合成纤维、塑料和其他高分子化工产品的原料，即聚合反应的单体；二是其他有机化学工业，包括精细化工产品的原料；三是按产品所具性质用于某些直接消费，例如用作溶剂、冷冻剂、防冻剂、载热体、气体吸收剂，以及直接用于医药的麻醉剂、消毒剂等。由上可以看出基本有机化工的重要性，它是发展各种有机化学品生产的基础，是现代工业结构中的主要组成部分。

五、化工产品中水分的测定

1．化工产品中水分测定的通用方法 —— 干燥减量法（GB/T 6284—2006）

本法适用于稳定性好的化工产品中湿存水的测定。

干燥减量法：通过加热使固体产品中包括水分在内的挥发性物质挥发尽，从而使固体物质的质量减少的方法。

注：采用干燥减量法测定产品中真实的水分时，应满足如下三个条件：① 挥发的只是水分；② 不发生化学变化，或虽然发生了化学变化，但不伴随有质量变化；③ 水分可以完全除去。

实际上，完全满足上述三个条件在多数情况下是很困难的，所以干燥减量法测定水分时，同时也将水分以外的挥发性物质或在加热过程的化学变化中产生的挥发性物质视为了水分。

加热稳定：样品在加热过程中，水分以外的挥发性物质或发生化学变化所产生的挥发性物质在允许的范围之内，也就是说产生的挥发性物质不影响水分测定结果的准确性。

恒重：进行重复干燥后，直到两次称量值的质量差小于 0.000 3 g 时，视为恒重。

（1）测定原理。

将试料在（105±2）℃下加热烘干至恒重，计算干燥后试料减少的质量。

（2）仪器。

① 称量瓶：扁形带盖，容量为加入试样后，试样厚度小于 5 mm。

② 电热恒温干燥箱：温度能控制在 105℃，精度±1℃。

③ 干燥器：内盛适当的干燥剂（如变色硅胶、五氧化二磷等）。

④ 天平：光电分析天平或电子天平，分度值为 0.1 mg。

（3）测定步骤。

① 试样处理。如试样为块状或大的结晶，应粉碎至粒径小于 2 mm 以下，充分混匀。操作中应避免试样中水分损失或从空气中吸收水分。

② 试样测定。将电热恒温干燥箱调节至（105±2）℃，然后将称量瓶置于电热恒温干燥箱中干燥，取出后在干燥器中冷却（冷却时间一般为 20～40 min，重复操作的冷却时间一定要相同），称量，精确至 0.1 mg。反复操作至恒重。

用已恒重的称量瓶，称取约 10 g 试料，精确至 0.1 mg。试料表面轻轻压平，放入已调节至（105±2）℃的电热恒温干燥箱中（称量瓶应放在温度计水银球的周围）。称量瓶盖子稍微错开或取下与试样同时干燥。

烘干 2～4 h 后，将称量瓶和盖子迅速移至干燥器中冷却。冷却后盖好盖子，称量，精确至 0.1 mg。重复操作至恒重，重复干燥时间约 1 h。

除另有规定外，试料的烘干温度一般规定为（105±2）℃。对于特殊性质的产品，当试料在约 105℃的温度下熔化时，可在比熔化温度低 10℃的温度下加热 1～2 h 后，再在（105±2）℃下加热干燥。也可根据产品性质确定烘干温度。

（4）分析结果的表述。

① 水分以质量分数 w 计，数值以%表示，按下式计算：

$$w=\frac{m_1-m_2}{m_1-m_0}\times 100$$

式中，m_0 —— 称量瓶的质量，g；

m_1 —— 称量瓶和干燥前试样的质量，g；

m_2 —— 称量瓶和干燥后试样的质量，g。

② 允许差。取平行测定结果的算术平均值为测定结果。两次平行测定结果的绝对差值符合产品规定。

2．化工产品中水分含量的测定 —— 有机溶剂蒸馏法

本法适用于高温下易分解的有机物中水分的测定。

（1）测定原理。

样品与一些有机溶剂（如苯、甲苯、二甲苯等）共同蒸馏时，样品中的水分可在低于其沸点温度时随有机溶剂一起蒸馏出来。在冷凝管中冷凝后，由于水与有机溶剂互不混溶，且水的密度大，在接收器中沉入下层，即可计量冷凝的水量。

（2）仪器、试剂。

① 试剂。苯、甲苯或二甲苯，先加入少量水，充分振荡后放置，将水层分离弃去。苯、甲苯或二甲苯经蒸馏后使用。

② 仪器。蒸馏计量法水分测定器，如图 6-4 所示。

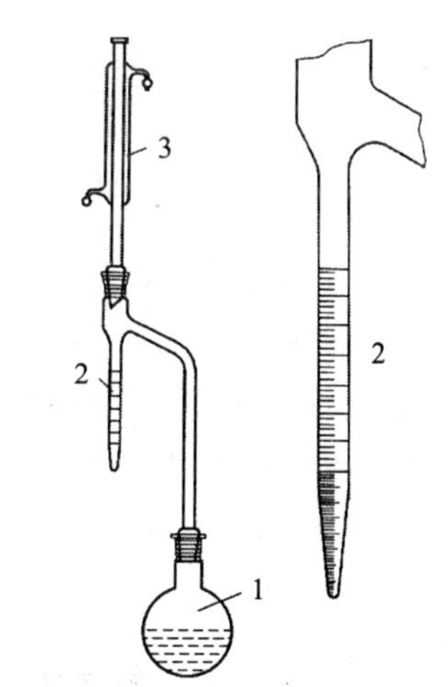

1—圆底烧瓶；2—接收器；3—冷凝管

图 6-4 水分测定器

（3）测定步骤。

① 称取适量样品（水分含量在 0.1%～1%时约称 100 g，精确至 0.1 g；在 1%～2%时称 50 g，精确至 0.01 g；2%以上时约称 25 g，精确至 0.01 g），置于洁净、干燥的圆底烧瓶中。加入 100 mL 苯（甲苯或二甲苯），必要时加数粒玻璃珠，连接蒸馏装置，再从冷凝管顶部加入溶剂，装满至接收器的刻度处。在冷凝管上端用少许脱脂棉塞住，以防空气中的水分在冷凝管内凝结。

② 开始加热回流，控制回流速度为每秒 2～4 滴，直至接收器刻度管中的水量不再增加为止。

③ 停止加热，从冷凝管顶部注入少量溶剂，以洗下凝结于管壁上的水滴。静置 30 min，当接收器中溶剂上层完全透明时，读取刻度管中水层的体积。如接收器中液体浑浊时，则将接收器放入温水中，使其澄清，冷却至室温后读数。

（4）分析结果的表述。

试样中水的质量分数按下式计算：

$$w(H_2O)=\frac{V}{m}$$

式中，V—— 接收器中水的体积，mL；

m—— 样品的质量，g。

3．化工产品中水分含量的测定 —— 卡尔·费休法（GB/T 6283—2008）

本方法适用于大部分无机和有机固体、液体化工产品中游离水或结晶水的测定。不适用于能与卡尔·费休试剂主要成分发生化学反应并生成水的样品，以及能还原碘或氧化碘的样品中水分的测定。

（1）测定原理。

存在于试样中的任何水分（游离水或结晶水）与已知滴定度的卡尔·费休试剂（碘、二氧化硫、吡啶和甲醇[①]组成的溶液）进行定量反应。

$$C_5H_5N\cdot I_2+C_5H_5N\cdot SO_2+C_5H_5N+H_2O\longrightarrow 2C_5H_5NHI+C_5H_5NSO_3$$

$$C_5H_5NSO_3+CH_3OH\longrightarrow C_5H_5N\cdot HOSO_2OH$$

卡尔·费休法测定水分，有两种指示终点的方法。

注：①甲醇可用乙二醇甲醚代替。

① 目视法。卡尔·费休试剂呈现 I_2 的棕色，与水反应后棕色立即褪去。当滴定至溶液出现棕色时，表示到达终点。

② 电量法。浸入滴定池溶液中的两支铂丝电极之间施加小的电压（几十毫伏）。溶液中存在水时，由于极化作用外电路没有电流流过，电流表指针指零；当滴定到达终点时，稍过量的 I_2 导致去极化，使电流表指针突然偏转，非常灵敏。

（2）仪器、试剂。

① 试剂。卡尔·费休试剂：取 670 mL 无水甲醇于 1 000 mL 干燥的磨口棕色试剂瓶中，加入 85 g 碘，盖紧瓶塞，振摇至碘全部溶解，加入 270 mL 无水吡啶，摇匀。于冰水浴中缓慢通入干燥的二氧化硫气体，使磨口棕色试剂瓶增重 65g 左右，盖紧瓶塞摇匀，于暗处放置 24 h 以上备用。

二水酒石酸钠（$Na_2C_4H_4O_6\cdot 2H_2O$）：含结晶水 15.66%。

甲醇：要求含水量小于 0.05%。

② 仪器。卡尔·费休法测定水分的装置如图 6-5 所示。由于该试剂与水的反应十分敏锐，所用仪器应预先干燥并在密封系统中使用自动滴定管进行滴定，防止外界水分侵入。

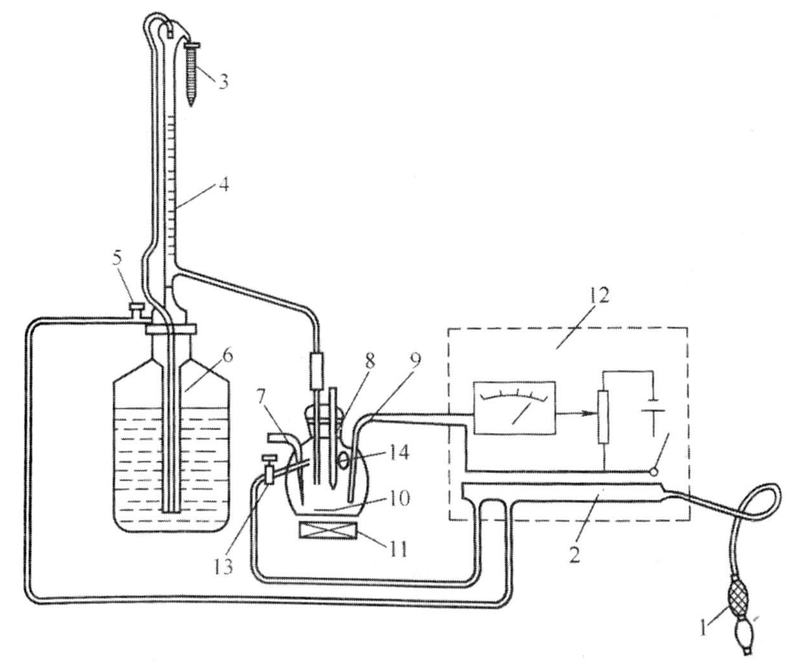

1—双连球；2，3—干燥管；4—自动滴定管；5—具塞放气口；6—试剂贮瓶；7—废液排放口；8—反应瓶；9—铂电极；10—磁棒；11—搅拌器；12—电量法测定终点装置；13—干燥空气进气口；14—进样口

图 6-5 卡尔·费休法测定水分的装置

（3）测定步骤。

① 卡尔·费休试剂的标定。用注射器将 25 mL 甲醇注入滴定容器中，开启电磁搅拌器，连接终点电量测定装置，此时电流表指示电流接近于零。用卡尔·费休试剂滴定甲醇中的微量水，滴定至电流突然增大至 10～20 μA，并保持稳定 1 min（不计消耗试剂的体积）。

在玻璃称样管中称取约 0.25 g 二水酒石酸钠（精确至 0.000 1 g）。移开滴定容器的胶皮塞，迅速将二水酒石酸钠倾入滴定容器中。然后再称量玻璃称样管的质量，以求得加入二水酒石酸钠的准确质量。或用滴瓶加入 30～40 mg 水进行标定。

用卡尔·费休试剂滴定加入的标准物质或已知量的水，直至电流表指针达到与上述同样的偏离度，至少保持稳定 1 min，记录消耗试剂的体积。

② 试样中微量水的测定。通过排液口放掉滴定容器中的废液。用注射器将 25 mL 甲醇（或按待测样品规定体积的溶剂）注入滴定容器中。按标定试剂的操作过程滴定甲醇中的微量水（不计消耗试剂的体积）。然后加入待测试样，按同样的操作步骤，用卡尔·费休试剂滴定至终点，记录消耗试剂的体积。

对于液体试样，以注射器准确计量体积，并通过胶皮塞注入；固体粉末试样以玻璃称样管准确称量，移开胶皮塞倾入滴定容器。加入试样量以含水 20～40 mg 为宜。

（4）分析结果的表述。

① 卡尔·费休试剂的滴定度。

$$T=\frac{m_1\times 0.1566}{V_1} \quad 或 \quad T=\frac{m_2}{V_1}$$

式中，T—— 卡尔·费休试剂对水的滴定度，mg/mL；

m_1—— 加入二水酒石酸钠的质量，mg；

m_2—— 加入纯水的质量，mg；

V_1—— 标定所消耗卡尔·费休试剂的体积，mL。

② 试样含水量。

$$w(H_2O)=\frac{V_2T}{m\times 1000} \quad 或 \quad w(H_2O)=\frac{V_2T}{V\rho\times 1000}$$

式中，T—— 卡尔·费休试剂对水的滴定度，mg/mL；

m—— 固体试样的质量，g；

V_2—— 滴定试样所消耗卡尔·费休试剂的体积，mL；

V—— 液体试样的体积，mL；

ρ—— 液体试样的密度，g/mL。

4．化工产品中水分含量的测定 —— 气相色谱法（GB/T 2366—2008）

本法适用于易挥发有机物中微量水分的测定。

（1）测定原理。

用气相色谱法，在选定的工作条件下，将标准样品和适量样品分别注入气相色谱仪，使水与其他组分得到分离，用热导检测器检测，测量样品和标样中水的峰高或峰面积，用外标法或内加法定量。

（2）试剂。

① 载气：氢气或氦气，体积分数不低于 99.9%，经硅胶与分子筛干燥、净化。

② 正庚烷。

③ 苯。

④ 无水有机溶剂：使用外标法测定产品水质量分数大于 0.1%时，可使用与样品相同的有机溶剂，该有机溶剂使用分子筛或其他脱水物质脱水后所含的痕量水在表 6-5 的色谱工作条件下测定应无水峰，且该有机溶剂具有与水互溶的特性。使用者也可根据需要，选择其他相关试剂。也可购买市售标准样品。

表 6-5 推荐的典型样品的色谱操作条件

<table>
<tr><th>样品名称</th><th>二氯甲烷、三氯甲烷、三氯乙烯</th><th>丙酮、异丙烯</th><th>四氢呋喃、乙酸乙酯、正丁醇、丙烯酸</th><th>丙烯酸、甲酯</th><th>环氧氯、丙烷</th><th>丙烯酸、乙酯</th><th>丙烯酸、正丁酯</th></tr>
<tr><td>检测器</td><td colspan="7">热导池检测器</td></tr>
<tr><td>色谱柱</td><td>1×3 mm</td><td colspan="6">2×3 mm</td></tr>
<tr><td>填充物/μm</td><td colspan="5">GDX-101/250～180</td><td colspan="2">GDX-104/425～250</td></tr>
<tr><td>填充量/g</td><td>3.0</td><td colspan="4">6.0</td><td colspan="2">4.2</td></tr>
<tr><td>气化室温度/℃</td><td>200</td><td>170</td><td colspan="5">190</td></tr>
<tr><td>检测器温度/℃</td><td>200</td><td>170</td><td colspan="5">190</td></tr>
<tr><td>柱温/℃</td><td>160</td><td>160</td><td colspan="5">180</td></tr>
<tr><td>桥流/mA</td><td>90</td><td colspan="6">140</td></tr>
<tr><td>载气</td><td colspan="7">氢气或氦气</td></tr>
<tr><td>进样量/μL</td><td>10</td><td colspan="2">2</td><td>4</td><td>2</td><td colspan="2">4</td></tr>
<tr><td>载气流量/（mL/min）</td><td>50</td><td>85</td><td colspan="2">90</td><td>135</td><td colspan="2">145</td></tr>
<tr><td>辅助工具</td><td>反吹</td><td colspan="6">无</td></tr>
</table>

注：其他液体有机物水含量测定可参照此条件。

（3）仪器。

① 气相色谱仪：配有热导检测器，当分析高沸点样品时仪器需配备反吹装置。

② 记录仪：色谱数据处理机或色谱工作站；

③ 进样器：微量进样器，1 μL 或 10 μL。

（4）测定步骤。

① 正庚烷–水饱和溶液标准样品和苯–水饱和溶液标准样品的制备。将适量的正庚烷或苯置于分液漏斗中，加入同体积的水振荡，洗去水溶性物质，洗涤次数不少于 5 次，最后一次充分振荡后连水一起装入 500 mL 正庚烷-水或苯-水平衡

瓶中（图 6-6），即为正庚烷–水或苯–水饱和溶液，静置 10 min 后可使用。每次使用前需摇匀，静置 2 min 后再用。必要时，将正庚烷–水或苯–水平衡瓶至于恒温水浴中。

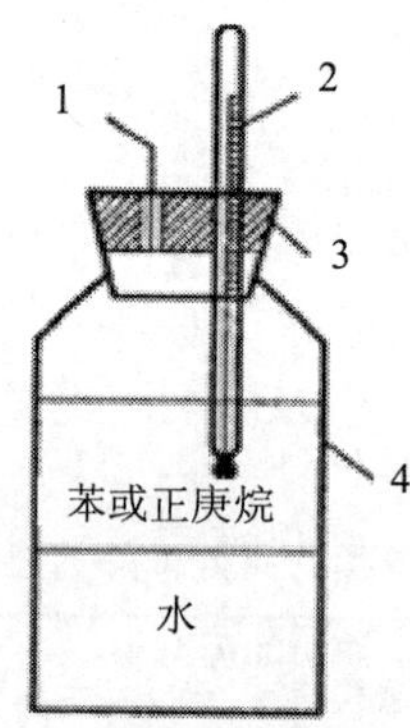

1—抽样孔；2—温度计；3—聚四氟乙烯塞子；4—玻璃瓶

图 6-6 正庚烷-水或苯-水平衡瓶

表 6-6 正庚烷中饱和水溶解度

温度/℃	水含量/%	温度/℃	水含量/%	温度/℃	水含量/%
10	0.035	19	0.044	28	0.055
11	0.036	20	0.045	29	0.057
12	0.037	21	0.046	30	0.058
13	0.038	22	0.047	31	0.060
14	0.039	23	0.049	32	0.061
15	0.040	24	0.050	33	0.063
16	0.041	25	0.051	34	0.064
17	0.042	26	0.053	35	0.066
18	0.043	27	0.054		

根据瓶中显示温度（温度计精度应为 0.1℃）查饱和水溶解度表（表 6-6 和表 6-7），得出相应的正庚烷或苯中饱和水含量。

表 6-7 苯中饱和水溶解度

温度/℃	水含量/%	温度/℃	水含量/%	温度/℃	水含量/%
10	0.044 0	20	0.061 4	30	0.085 9
11	0.045 7	21	0.063 5	31	0.088 8
12	0.047 4	22	0.065 5	32	0.091 8
13	0.049 1	23	0.067 6	33	0.094 7
14	0.050 8	24	0.069 6	34	0.097 7
15	0.052 5	25	0.071 6	35	0.100 6
16	0.054 3	26	0.074 5	36	0.105 5
17	0.056 1	27	0.077 3	37	0.110 4
18	0.057 9	28	0.080 2	38	0.115 3
19	0.059 7	29	0.083	39	0.120 2

② 有机溶剂标准样品的制备。

在碘量瓶中加入无水有机溶剂，根据被分析样品的大致含水量，加入与被测样品水含量相近的水，精确至 0.000 1 g，摇匀，即为标准样品。

③ 设定操作条件。根据仪器操作说明书，在色谱仪上安装并老化色谱柱。调节仪器至表 6-5 所示的操作条件，待仪器稳定后即可开始测定。

④ 样品的测定。

a. 校正。在每次试样分析前应按实际情况选择与被测样品水含量相近的标准样品进行校正。当被测样品水的质量分数小于 0.05%时，用正庚烷-水饱和溶液标准样品；当被测样品水的质量分数为 0.05%～0.1%时，用苯-水饱和溶液标准样品；当被测样品水的质量分数为 0.1%～1.0%时，采用与样品相同的有机溶剂配制的标准样品。在推荐的色谱操作条件下，将适量的标样注入色谱仪，以获得水的峰高或峰面积，重复测定两次，取其平均值供定量计算用。

b. 外标法测定。在推荐的色谱操作条件下，注入与标准样品相同体积的试样于色谱仪，以获得水的峰高或峰面积，重复测定两次，取其平均值供定量计算用。

c. 内加法测定。将适量样品注入色谱仪，以获得水的峰面积，重复测定两次，取其平均值供定量计算用。

向已称量的碘量瓶中加入被测样品并称量，再向其中加入一定量的水再称量，称量均精确至 0.000 1 g，得到加水样品。注入与样品等体积的加水样品于色谱仪，以获得水的峰面积，重复测量两次，取其平均值供定量计算用。

（5）分析结果的表述。

① 外标法测定的水的质量分数 w_1，数值以%表示，按下式计算：

$$w_1 = \frac{V_s \rho_s h_A w_s}{V \rho h_{As}}$$

式中，V_s —— 标准样品的体积，μL；

ρ_s —— 标准样品有机溶剂的密度，g/cm^3；

h_A —— 样品中水的峰高或峰面积；

w_s —— 标准样品中水的质量分数，%；

V —— 样品的体积，μL；

ρ —— 样品的密度，g/cm^3；

h_{As} —— 标准样品中水的峰高或峰面积。

② 内加法测定的水的质量分数 w_2，数值以%表示，按下式计算：

$$w_2 = \frac{A_x}{A_{加} - A_x} \times w_{加}$$

式中，$w_{加}$ —— 样品中加入的水的质量分数，%；

A_x —— 样品中水的峰面积；

$A_{加}$ —— 加水后样品中水的峰面积。

③ 允许差。对于任一试样，以两次重复测定结果的算术平均值表示其分析结果。结果应精确至 0.001%。

在同一实验室，由同一操作员使用相同设备，按相同的测试方法，并在短时间内对同一被测对象相互独立进行测试获得的二次独立测试结果的绝对差值，不应超过下列重复性限 γ，以超过重复性限 γ 的情况不超过 5%为前提。

当水的质量分数≤0.1%时，γ 为这两个测定值的算术平均值的 20%；当水的质量分数为 0.1%～1.0%时，γ 为这两个测定值的算术平均值的 10%。

项目七　甘油的分析检验

项目内容

丙三醇是无色、透明、无臭、黏稠液体，有暖甜味，俗称甘油。能从空气中吸收潮气，也能吸收硫化氢、氰化氢和二氧化硫。可燃，低毒。与水和乙醇混溶，水溶液为中性。溶于 11 倍的乙酸乙酯，约 500 倍的乙醚。不溶于苯、氯仿、四氯化碳、二硫化碳、石油醚、油类。熔点 18.17℃，沸点 290℃（分解），闪点（开杯）177℃，密度 1.261 g/cm^3，自燃点 392.8℃，折射率 n_D^{20} 1.474，20℃黏度 1 499 mPa • s，100℃蒸气压 26 Pa，20℃表面张力 63.4 mN/m。

丙三醇是甘油三酯分子的骨架成分。当人体摄入食用脂肪时，其中的甘油三酯经过体内代谢分解，形成甘油并贮存在脂肪细胞中。因此，甘油三酯代谢的终产物便是甘油和脂肪酸。

表 7-1　甘油的理化指标

项目	优等品	一等品	二等品
外观	透明无悬浮物		
气味	无异味		
色泽	≤20	≤30	≤30
甘油含量/%	≥99.5	≥98.0	≥95.0
密度（20℃）/（g/mL）	≥1.259 8	≥1.255 9	≥1.248 1
氯化物含量（以 Cl 计）/%	≤0.001	≤0.01	—
硫酸化灰分/%	≤0.01	≤0.01	≤0.05
酸度或碱度/（mmol/100g）	≤0.050	≤0.10	0.30
皂化当量/（mmol/100g）	≤0.40	≤1.0	3.0
砷含量（以 As 计）/（mg/kg）	≤2	≤2	—
重金属含量（以 Pb 计）/（mg/kg）	≤5	≤5	—
还原性物质	符合要求		—

甘油现行的标准是国家标准 GB/T 13206—2011。该标准指出产品外观为无色

或微黄色透明黏稠状液体，规定了甘油的理化指标，见表 7-1。

工业上用动植物油脂经皂化、水解或酯交换反应产生的含甘油甜水生产的精制甘油产品按照国家标准《甘油试验方法》(GB/T 13216—2008) 中的规定进行测定。该标准规定了甘油的试验方法，包括甘油含量、氯化物含量、皂化当量、酸度或碱度等的测定方法。

工作任务

任务一 甘油分析准备工作

一、样品的采集和制备

1. 甘油的采集

(1) 确定批量。

以一次交付的同一类型、规格、批号的产品组成一个交付批量。

(2) 样品数。

桶装产品应根据批量（桶数）大小，按表 7-2 规定确定取样单位数，在现场随机抽取样品单位。

表 7-2 桶装产品批量与取样单位数

单位：桶

批量	＜16	16～25	26～90	91～150	＞150
样本数量	2	3	5	8	13

罐装或槽车装产品，各罐均为取样单位，应使用吊瓶从中均匀取样。

(3) 样品量。

两种取样总量不少于 2 kg。

(4) 桶装甘油取样方法。

① 总则。本方法适用于桶内无固体沉淀或悬浮物的精制甘油。对因受冷冻结，温热后能恢复到原状的桶装精制甘油也可适用。

实验室测定用样品均按本方法制备和贮存。

② 原理。用取样管从塞孔插入至桶底，从桶的整个深度采取样品，每个样桶

采取等量样品。合并同批的所有样品，混合均匀，分样成需要份数的实验室样品。

③ 仪器。

a．取样管。甘油取样管如图 7-1 所示。由两个不锈钢或其他耐化学品材质的圆筒构成，内筒与外筒严密相配。两筒上各有两排交错断续的纵向槽，槽宽度占筒圆周长的 1/4，槽长度在筒的全长上四等分分布。内筒和外筒上的槽可由转动带有指针的内筒手柄而恰好重合或密封，指针指示配在外筒上的标尺位置表明内筒和外筒上槽的相对位置。在“灌装”位置时，内外槽形成两排交错断续的开口，使桶内所有深度的样品同时进入取样管内。

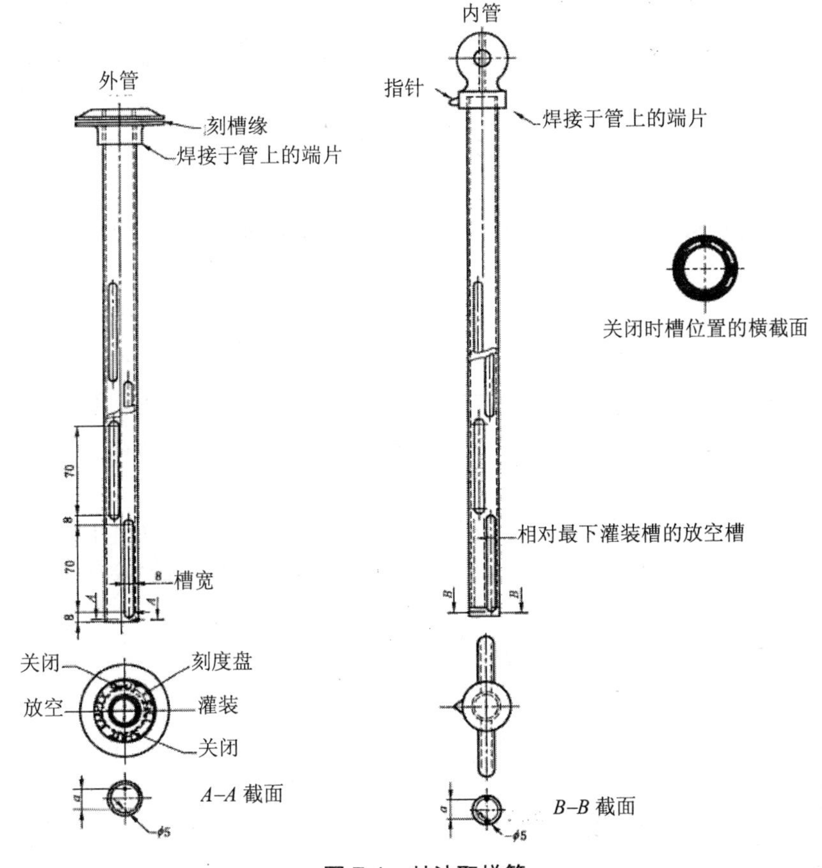

图 7-1 甘油取样管

内外筒底均钻有孔，当指针在“放空”位置时，底孔重合形成开口，而纵向槽保持密闭。

取样管的长度应与待取样物料的深度呈比例，其有效容积应约为桶容积的 0.1%。

b．擦拭塞。与待取样桶的塞孔相配。

c．圆筒形收集器。用与取样管相同的材料制成，最好是玻璃的，配备密封盖，容积约 1.5 L，可适用于每吨待取样产品。

d．样品瓶。具有磨砂玻璃塞或带聚乙烯垫密封盖的玻璃瓶，容积恰为制备的实验室样品注满。

④ 程序。

a．预防措施。由于甘油的吸水性很强，在取样、分析和贮存样品时均应遵守如下预防措施，使样品避免湿气。

用于混合和贮存样品的容器应为密封的，在灌装和采取各个样品的操作空间均应保持容器密闭。

取样时应尽可能遮蔽容器，尤其要防雨和其他意外的污染。

所有仪器和容器在使用时应清洁干燥。

由混合样分样得到的实验室样品应完全灌满样品瓶。

b．样品制备。将槽孔关闭的取样管通过擦拭塞插至桶底，旋转手柄使指针至“灌装”位置，开启纵向槽，待取样管充满后关闭槽孔，抽出取样管，借助紧靠擦拭塞擦净管外壁。

将充满甘油的取样管插入收集器，旋转手柄使指针至“放空”位置，放空取样管。以此方法从各个样桶依次采取等量样品，使总量大于需要量。两次放空操作的空间要保持收集器密闭。

将样品容器密闭，躺倒滚动，迅速混匀全部样品。立即取约 500 g（或其他需要量）样品，装入样品瓶内，如此制备需要份数的相同实验室样品。盖紧瓶塞或密封盖，用封口蜡（或胶）封口。

如样桶内的甘油已因受冷冻结，应先缓和加热并将桶躺倒滚动，使甘油解冻混匀后再按上述方法进行取样。

2．样品的保存

将样品混匀（必要时温热至 60℃）分装在三个洁净、干燥的具塞玻璃瓶中签封，标签上应标明产品名称、批号、等级、取样日期、生产厂厂名、取样人。交收双方各持一份进行检验。第三份由交货方保管，备仲裁检验，保管期一个月。

二、甘油的检验规则

（1）出厂检验项目包括表 7-1 中除砷含量、重金属含量、硫酸化灰分外的其他全部规定项目。

（2）技术要求中的所有指标项目均为型式检验项目。有下列情况之一时，也应进行型式检验。

① 正常生产应每三个月进行一次型式检验。

② 生产工艺、生产设备、原材料、催化剂等变化或不正常，以及生产管理要素（包括人员素质）的变化可能影响产品质量和性能时。

③ 长期停产后再恢复生产时。

④ 出厂检验结果与上次的型式检验有较大差异时。

⑤ 质量监督机构、使用单位提出型式检验要求时。

（3）甘油应由生产厂的质量监督检验部门按照规定进行检验。生产厂应保证每批出厂的产品都符合要求。

（4）检验结果若有一项指标不符合要求时，应再次从交付批中加倍抽样，并对不合格项目进行复检，复检合格则判该批产品合格，否则判该批产品为不合格品。

（5）当交收双方对产品检验结果发生争议，不能协商解决时，可商请仲裁机构检验，仲裁结果为最后结论。

三、甘油的标志、包装、运输、贮存和保质期

1．标志

产品包装容器外印刷的标志（图案及文字）应清晰、不脱色，并标明：

①产品名称、商标、等级、执行标准编号。

②生产日期或生产批号。

③净重、毛重。

④生产厂家名称、地址（含省、市、县）、邮政编码。

⑤有防雨、防水、小心轻放等文字或标记。

2．包装

产品包装应使用铝桶（带铁制加强框架）、塑料桶、涂锌或涂树脂铁制容器，桶罐必须盖紧、封牢，保证不渗不漏，不吸潮。

3．运输

产品装运时应轻装轻卸，不可摔掷。

4．贮存

产品应贮存在通风、干燥的仓库中，严防受热、受潮。贮存时，产品不应与酸、碱接触，以免发生锈蚀。

5．保质期

在规定的贮存条件下，自出厂之日起保质期为一年以上，按销售包装实际标注方式执行。

四、定性检验

1．试剂

硫酸氢钾；硼砂；亚硝基铁氰化钠溶液（10 g/L）；哌啶或吗啉；氢氧化钠溶液（80 g/L）。

2．检验

（1）外观应为无色透明糖浆状液体。

（2）取1滴样品，置于硬质玻璃试管中，加入0.5 g粉细的硫酸氢钾，并将它们混合均匀。试管的敞口一端放置已经用试剂[新配制的1滴亚硝基铁氰化钠溶液（10 g/L）和1滴哌啶或1滴吗啉的混合物]润湿过的滤纸一片，并盖以玻璃帽。将试管直接置于火上，开始缓缓加热，然后强热，即产生丙烯醛的刺激性臭气。使试纸着上蓝色。如用氢氧化钠溶液（80 g/L）处理，即变为桃红色。

任务二　甘油中甘油含量的测定

甘油含量的测定有密度法和滴定法两种。

密度法适用于高含量精制甘油产品和纯甘油的水溶液；滴定法适用于各种甘油产品，但不适用于含有相邻碳原子上多于两个羟基的有机化合物的甘油产品，如糖类，因其也能氧化产生甲酸，干扰测定。

甘油中的非甘油有机物会使密度法结果偏高，而滴定法不受影响。

一、密度法

1．测定原理

高含量精制甘油或纯甘油的水溶液，其甘油含量与密度呈对应关系，由测得的密度值查表或计算可得到甘油含量；在窄范围内甘油含量与密度呈线形关系，可由密度值用插入法计算确切的甘油含量。

2．测定步骤

用比重瓶法测得甘油在20℃的密度ρ_{20}。

3．分析结果的表述

甘油含量（C）以质量分数（%）表示，由测得的密度值（ρ_{20}）选用以下方式求得。

（1）直接查表：若密度（ρ_{20}）恰为表 7-3 给出值，则从表 7-3 直接查得密度对应的甘油含量。

（2）若密度（ρ_{20}）介于表 7-3 中同温度两个给出值之间，则按下式计算确切的甘油含量。

$$C = C_1 + \frac{\rho_{20} - \rho_1}{\rho_h - \rho_1} \times (C_h - C_1)$$

式中，C_1 —— 表 7-3 中对应于ρ_1的甘油含量，%；

ρ_{20} —— 甘油试样的密度测定值，g/mL；

ρ_1 —— 表 7-3 中邻近测定值ρ_{20}的较低密度值，g/mL；

ρ_h —— 表 7-3 中邻近测定值ρ_{20}的较高密度值，g/mL；

C_h —— 表 7-3 中对应于ρ_h的甘油含量，%。

（3）若密度ρ_{20}在 1.229 9～1.261 1 g/mL（对应甘油含量 88.00%～100.00%）之间，可按下式计算确切的甘油含量。

$$C = 384.62\rho_{20} - 385.04$$

式中，ρ_{20} —— 甘油试样的密度测定值，g/mL。

注：系数和常数由表 7-3 给出值演算而来。

（4）允许差。以两次平行测定结果的算术平均值表示至小数点后一位作为测定结果。

表 7-3 甘油的密度与其质量分数（%）对照

密度（20℃）/（g/mL）	甘油/%	密度（20℃）/（g/mL）	甘油/%	密度（20℃）/（g/mL）	甘油/%	密度（20℃）/（g/mL）	甘油/%
1.261 10	100	1.235 10	90	1.208 50	80	1.181 25	70
1.258 50	99	1.232 45	89	1.205 75	79	1.178 50	69
1.255 90	98	1.229 90	88	1.203 05	78	1.175 75	68
1.253 35	97	1.227 10	87	1.200 30	77	1.173 00	67
1.250 80	96	1.224 45	86	1.197 60	76	1.170 25	66
1.248 10	95	1.221 80	85	1.194 85	75	1.167 50	65
1.245 60	94	1.219 15	84	1.192 15	74	1.164 75	64
1.243 00	93	1.216 50	83	1.189 40	73	1.162 05	63
1.240 35	92	1.213 80	82	1.186 70	72	1.159 30	62
1.237 70	91	1.211 15	81	1.183 95	71	1.156 55	61

二、滴定法

1．测定原理

在强酸介质中，甘油被高碘酸钠冷氧化，反应产生的甲酸以 pH 计指示，用氢氧化钠标准滴定溶液滴定。反应式为：

$$CH_2OHCHOHCH_2OH + 2NaIO_4 \longrightarrow HCOOH + 2HCHO + 2NaIO_3 + H_2O$$

$$HCOOH + NaOH \longrightarrow HCOONa + H_2O$$

2．仪器、试剂

（1）试剂。

① 蒸馏水：煮沸至少 10 min，以驱除二氧化碳。

② 乙二醇稀释溶液：1 体积不含甘油的乙二醇，用 1 体积水稀释，用酚酞作指示剂中和至刚好褪色。

③ 硫酸溶液：c（1/2 H_2SO_4）= 0.1 mol/L。

④ 甲酸钠溶液：68 g/L。

⑤ 高碘酸钠酸性溶液：60 g/L。

a．酸性溶液的制备。称取高碘酸钠 60 g（准确至 0.1 g），溶于已加入 120 mL 硫酸溶液[c（1/2 H_2SO_4）= 0.1 mol/L]的约 500 mL 水中，边加入边冷却，转移到 1 000 mL 容量瓶中，用水稀释至刻度并混匀。如有必要，通过玻璃过滤器过滤。

b．溶液的酸度校核。空白试验所用氢氧化钠标准滴定溶液的体积，应不少于 4.5 mL，这与基本反应中产生的酸度相当。

c．溶液的贮存。溶液贮存在有磨口玻璃塞的棕色玻璃瓶中。

⑥ 氢氧化钠溶液：0.05 mol/L。

⑦ 氢氧化钠标准滴定溶液：c（NaOH）= 0.125 mol/L，无二氧化碳。

⑧ 酚酞指示液：10 g/L 乙醇溶液。

（2）仪器。

① pH 计：灵敏度 0.02 pH，配有玻璃测量电极和甘汞参比电极，缓冲溶液为：

a．苯二甲酸氢钾溶液：c[C_6H_4（COOK）（COOH）] = 0.05 mol/L（10.12 g/L），20℃时 pH 为 4.00。

b．四硼酸二钠十水合物溶液：c（$Na_2B_4O_7 \cdot 10H_2O$）= 0.01 mol/L（3.81 g/L），20℃时 pH 为 9.22。

② 实验室常规玻璃仪器。

3．测定步骤

二氧化碳的存在能引起误差，在放置时，最好用表面皿盖住盛有试液的容器，还应避免同时进行会增加实验室空气中二氧化碳含量的操作。

（1）试验份。

称取甘油含量不大于 0.50 g 的试验份（准确到 0.000 1 g）。如果不知甘油的大致含量，应称取试样 0.50 g 预测。

如果甘油含量大于 75%，最好称取试样（5.0±0.1）g（准确到 0.000 1 g），置于 500 mL 容量瓶中，用水稀释至刻度，混匀后移取 50.0 mL 用于测定。

（2）试验溶液的制备。

对碱性试样或试样酸化出现焦油沉淀物时，可将试验份放入配有回流冷凝器的烧瓶中，需要时稀释到 50 mL，加 2 滴酚酞指示液，用硫酸溶液中和至刚好褪色，再过量 5 mL，煮沸 5 min，冷却。必要时过滤，并用水洗涤滤器。将溶液定量地转入 600 mL 烧杯中。

无上述情况时，将试验份直接放入 600 mL 烧杯中。

（3）滴定。

用水稀释试验溶液至体积约为 250 mL。在不断搅拌下，用 pH 计指示，加入氢氧化钠溶液，调节 pH 至 7.9±0.1。

加高碘酸钠溶液 50.0 mL，缓和搅匀。盖上表面皿，在温度不超过 35℃的暗处放置 30 min。

然后加入乙二醇稀溶液 10 mL，混合，在同样条件下再放置 20 min。

加甲酸钠溶液 5.0 mL，用 pH 计指示，以氢氧化钠标准滴定溶液滴定至 pH 为 7.9±0.1。

（4）空白试验。

测定的同时，在同样条件下，用相同量试剂和稀释水，用 50 mL 水代替试样，作空白试验。但加入高碘酸钠溶液之前，空白溶液应调节 pH 至 6.5，加入高碘酸钠溶液之后，滴定终点至 pH 为 6.5。

4．分析结果的表述

（1）甘油含量 c 用质量分数（%）表示，按下式计算：

$$c=\frac{(V_1-V_2)\times c\times 0.0921\times 100}{m}=\frac{9.21\times c\times (V_1-V_2)}{m}$$

式中，c —— 所用氢氧化钠标准滴定溶液的浓度，mol/L；

V_1 —— 测定试样所耗用氢氧化钠标准滴定溶液的体积，mL；

V_2 —— 空白试验所耗用氢氧化钠标准滴定溶液的体积，mL；

0.092 1 —— 甘油的毫摩尔质量，g/mmol；

m —— 被滴定的试验份质量，g。

（2）允许差。以两次平行测定结果的算术平均值表示至小数点后一位作为测定结果。在重复条件下获得的两次独立测试结果的绝对差值不大于 0.2%，以大于 0.2%的情况不超过 5%为前提。

任务三　甘油中皂化当量的测定

一、测定原理

用过量的碱中和及皂化甘油中的酸和酯，再用酸标准滴定溶液滴定过量的碱。

二、仪器、试剂

1．试剂

（1）氢氧化钠溶液：0.2 mol/L。

（2）硫酸标准滴定溶液：c（1/2 H_2SO_4）= 0.2 mol/L。

（3）酚酞指示液：10 g/L 乙醇溶液。

2．仪器

（1）锥形烧瓶：500 mL，具有磨口玻璃接口。

（2）冷凝器：水冷式，具有磨口玻璃接头与锥形烧瓶相配。

（3）无塞和具塞滴定管：50 mL。

（4）实验室常规玻璃仪器。

三、测定步骤

称取试样约 100 g（称准至 0.1 g）于锥形烧瓶中，加入不含二氧化碳的热水 100 mL 和酚酞指示液 1 mL。如果溶液呈碱性，先用硫酸标准滴定溶液调节至刚好中性，再由无塞滴定管加入氢氧化钠溶液 20.00 mL。将烧瓶与冷凝管连接，加热至沸腾并保持 5 min。稍微冷却，用少量水冲洗冷凝管，拆下烧瓶，用带有碱石灰管的瓶塞密封并冷却。用硫酸标准滴定溶液滴定，同时用 140 mL 水代替试样做空白试验。

四、分析结果的表述

1．甘油皂化当量的计算

甘油的皂化当量 Y，以毫摩尔每 100 g（mmol/100 g）表示，按下式计算：

$$Y = \frac{(V_0 - V_1)c}{m} \times 100$$

式中，c —— 硫酸标准滴定溶液的浓度，mol/L；

V_0 —— 空白试验所消耗的硫酸标准滴定溶液的体积，mL；

V_1 —— 滴定试样溶液所消耗的硫酸标准滴定溶液的体积，mL；

m —— 试料质量，g。

2．允许差

以两次平行测定结果的算术平均值表示至两位有效数字。在重复条件下获得的两次独立测试结果的绝对差值不大于 0.05，以大于 0.05 的情况不超过 5%为前提。

任务四　甘油中酸度或碱度的测定

一、测定原理

以酚酞作指示剂，用盐酸或氢氧化钠标准滴定溶液滴定试验份。

二、仪器、试剂

1．试剂

（1）蒸馏水：煮沸至少 10 min，以驱除二氧化碳。

（2）氢氧化钠标准滴定溶液：c（NaOH）= 0.01 mol/L。

（3）盐酸标准滴定溶液：c（HCl）= 0.01 mol/L。

（4）酚酞指示液：溶解酚酞 1.0 g 于 95%乙醇中，配成 100 mL 溶液，滴加 0.01 mol/L 氢氧化钠溶液至刚出现粉红色。

2．仪器

（1）无塞和具塞滴定管：分度 0.01 mL。

（2）实验室常规玻璃仪器。

三、测定步骤

称取试样约 30 g（称准至 0.001 g）于 250 mL 锥形瓶中。加入蒸馏水 100 mL，加 3 滴酚酞指示液，摇匀。观察溶液呈现的颜色，无色时，用氢氧化钠标准滴定溶液滴定酸度，至刚好出现持久的粉红色；呈红色时，用盐酸标准滴定溶液滴定碱度，至粉红色刚好褪去。

四、分析结果的表述

1．甘油的酸度或碱度的计算

甘油的酸度或碱度 X，以毫摩尔每 100 g（mmol/100 g）表示，按下式计算：

$$X=\frac{cV}{m}\times 100$$

式中，c —— 用于滴定的氢氧化钠或盐酸标准滴定溶液的浓度，mol/L；

V —— 用于滴定的氢氧化钠或盐酸标准滴定溶液的体积，mL；

m —— 试料质量，g。

2．允许差

酸度或碱度，以两次平行测定结果的算术平均值表示至两位有效数字。在重复条件下获得的两次独立测试结果的绝对差值不大于 0.01，以大于 0.01 的情况不超过 5%为前提。

任务五　甘油中氯化物含量的测定

一、测定原理

规定量甘油试样中氯化物，即氯离子与硝酸银生成氯化银沉淀所呈现的浊度，与规定量氯离子标准溶液和硝酸银产生的氯化银沉淀的浊度进行比较，判断甘油试样氯离子含量的水平。

二、仪器、试剂

1．试剂

（1）硝酸溶液：取 136 mL 硝酸，配成 1 000 mL 的溶液；

（2）硝酸银溶液：17 g/L；

（3）氯化钠标准溶液：含氯离子 5 mg/L。

精确称取于 500～600℃灼烧至恒重的氯化钠 0.084 2 g，溶于水，转移至 100 mL 容量瓶中，稀释至刻度。用移液管准确吸取此溶液 10.0 mL，转移至 1 000 mL 容量瓶中，稀释至刻度，混匀。

2．仪器

实验室常规玻璃仪器。

三、测定步骤

称取试样 25.0 g 于 50 mL 容量瓶中，用蒸馏水稀释至刻度，混匀。

分别移取上述甘油溶液 10.0 mL 和 1.0 mL 于两支 50 mL 纳氏比色管中，用水稀释至 15 mL，加硝酸溶液 1 mL，并立即加入硝酸银溶液 1 mL 摇匀。避免明亮光照处保存 2 min。

移取氯化钠标准溶液 10.0 mL 于 50 mL 纳氏比色管中，用水稀释至 15 mL，加硝酸溶液 1 mL，并立即加入硝酸银溶液 1 mL 摇匀。避免明亮光照处保存 2 min。

四、分析结果的表述

将试样管和标准管放置在比色管架上，对着黑色背景，横向观测比较，试样溶液呈现的浊度不强于氯化物标准溶液呈现的浊度时，对移取试样溶液 10.0 mL 者，氯化物（Cl^-）含量小于 0.001%；对移取试样溶液 1.0 mL 者，氯化物含量小于 0.01%。

任务六　甘油中还原性物质的测定

一、测定原理

甘油中还原性物质（如丙烯醛）还原银氨络合物析出银，根据是否产生沉淀和银镜来鉴别甘油中还原性物质可检出量。

反应式：

$$RCHO + 2Ag(NH_3)_2OH \longrightarrow RCOONH_4 + 2Ag\downarrow + 3NH_3 + H_2O$$

二、仪器、试剂

1．试剂

（1）氨水溶液：取 40 mL 氨水，配成 1 000 mL 的溶液；

（2）氨试液：取 400 mL 氨水，配成 1 000 mL 的溶液；

（3）硝酸银氨化溶液。

取硝酸银 1 g，加水 20 mL 溶解后，滴加氨试液，边加边搅拌，至初始的沉淀接近全溶，过滤即得。该溶液应置棕色瓶内，保存在暗处。

2．仪器

实验室常规仪器。

三、测定步骤

称取甘油试样 25 g，加蒸馏水 25 mL，加硝酸银氨化溶液 1 mL，加氨水溶液 0.15 mL，静置 15 min，应无颜色产生；在 50℃水浴中加热，保持 15 min，应不产生沉淀和银镜，但可能会出现棕色和灰色。

四、分析结果的表述

试验结果报告应表明试验以后的颜色及是否有沉淀和银镜出现。

知识链接

一、甘油生产原料及应用

因为甘油的工业生产方法不同，所以使用的原料也不同，主要有天然油脂、丙烯等。

甘油是重要的基本有机原料，在工业、医药及日常生活中用途十分广泛，目前有 1 700 多种用途，主要用于医药、化妆品、醇酸树脂、烟草、食品、赛璐珞和炸药、纺织印染等方面。醇酸树脂、赛璐珞和炸药等领域的甘油耗用量呈下降趋势。但在医药、化妆品、食品方面的应用还将继续增长。甘油在医药方面，用以制取各种制剂、溶剂、吸湿剂、防冻剂和甜味剂，配制外用软膏或栓剂等。用甘油制取的硝化甘油用作炸药原料。在涂料工业中用以制取各种醇酸树脂、聚酯树脂、缩水甘油醚和环氧树脂等。在纺织和印染工业中用以制取润滑剂、吸湿剂、织物防皱防缩处理剂、扩散剂和渗透剂。在食品工业中用作甜味剂、烟草的吸湿剂和溶剂。此外，在造纸、化妆品、制革、照相、印刷、金属加工、电工材料和橡胶等工业中都有着广泛的用途。

二、甘油生产工艺

在自然界，甘油以甘油酯的形式存在于动物和植物的油脂中，特别是各种植物油（如椰子油、棕榈油、棉籽油、豆油和橄榄油）中，在油脂皂化或脂肪水解制肥皂过程中，以及当脂肪裂解为脂肪酸或用甲醇生产脂肪酸甲酯时，作为副产物回收的方法是甘油的主要工业来源，迄今仍是甘油生产的主要方法。自 1949

年以来，也开始由丙烯生产甘油。

按原料来源不同，甘油的工业生产方法可分为以天然油脂为原料和以丙烯为原料的两种方法。

1．天然甘油的生产

在天然油脂转化为肥皂或脂肪酸过程中回收副产甘油，由这种方法得到的甘油通称天然甘油。约 42%的天然甘油得自制皂副产，58%得自脂肪酸生产。由天然油脂生产甘油至今仍是世界上生产甘油的主要方法。

天然油脂用氢氧化钠皂化，生成脂肪酸钠盐（即肥皂）和甘油。加入食盐水，使甘油溶解在盐水内，从而使大部分甘油从肥皂中分离出来。这种含甘油的盐水在肥皂工业中称为“肥皂废液”，用酸和凝结剂（如三氯化铁、明矾等）处理，然后过滤，除去大部分杂质，再在滤液中加入碱液除去过量的凝结剂，同时调整酸碱度使呈微碱性，过滤得稀甘油，再经蒸发浓缩、减压蒸馏、脱色，得到成品甘油。

化学反应方程式如下：

$$\begin{array}{l} R_1COOCH_2 \\ \quad\;| \\ R_2COOCH \\ \quad\;| \\ R_3COOCH_2 \end{array} + 3NaOH \longrightarrow \begin{array}{l} R_1COOCNa \\ \\ R_2COOCNa \\ \\ R_3COOCNa \end{array} + \begin{array}{l} CH_2OH \\ \\ CH_2OH \\ \\ CH_2OH \end{array}$$

2．合成甘油的生产

以丙烯为原料经化学合成生产的甘油称为合成甘油。目前主要有氯丙烯法、环氧丙烷法和丙烯醛法三类。

（1）氯丙烯法。

丙烯氯化得到氯丙烯，进一步制造甘油是目前工业合成甘油的主要方法之一。1943 年 I.G.Farbes 公司在 Oppau、1948 年 Shell 公司在 Houston 开始采用此法生产甘油。传统的工艺有两种，一种工艺是 Shell 法，氯丙烯先次氯酸化成二氯丙醇，然后脱水成环氧氯丙烷，再水解成甘油；另一种工艺是由氯丙烯先水解成烯丙醇，烯丙醇经次氯酸化得到一氯丙二醇，再经水解得到甘油。目前工业上多采用 Shell 法，Shell 法工业化时间最早，技术成熟，是合成甘油的重要工业方法。主要过程包括丙烯高温氯化、氯丙烯次氯酸化、二氯丙醇皂化和环氧氯丙烷水解四步。

纯度大于 95%的原料丙烯经干燥、预热后，与氯按照一定比例快速通过氯化反应器，在 500℃反应后急冷至 50℃，经分离塔分离出未反应的丙烯和 D–D 馏分（即二氯丙烷和二氯丙烯）后，进入次氯酸化反应器。次氯酸化反应在 20～30℃

下进行。经分离，除去含有次氯酸的水层，含二氯丙醇的油层进入皂化反应器，于 80～90℃及在搅拌下用石灰乳进行皂化，得到环氧氯丙烷。用 10%的氢氧化钠在 150℃和 1.37 MPa 的条件下，水解环氧氯丙烷得到 98%收率的粗甘油。再经蒸发、分离、真空精馏，得到纯度大于 99%的甘油。

化学反应式如下：

丙烯氯化：$CH_2{=}CHCH_3+Cl_2 \longrightarrow CH_2{=}CHCH_2Cl+HCl$

次氯酸化：$CH_2{=}CHCH_2Cl+Cl_2+H_2O \longrightarrow$

$CH_2OHCHClCH_2Cl$（70%）$+CH_2ClCHOHCH_2Cl$（30%）$+HCl$

皂化：$2CH_2OHCHClCH_2Cl+Ca(OH)_2 \longrightarrow$

$$2\ \underset{\diagdown\ O\ \diagup}{CH_2-CH}-CH_2Cl+CaCl_2+2H_2O$$

水解：$$\underset{\diagdown\ O\ \diagup}{CH_2-CH}-CH_2Cl+NaOH+H_2O \longrightarrow CH_2OHCHOHCH_2OH+NaCl$$

或 $$2\ \underset{\diagdown\ O\ \diagup}{CH_2-CH}-CH_2Cl+Na_2CO_3+H_2O \longrightarrow$$

$$2CH_2OHCHOHCH_2OH+2NaCl+CO_2$$

（2）环氧丙烷法。

环氧丙烷在 200～250℃磷酸锂催化剂作用下，异构化得到烯丙醇。烯丙醇可以经过不同路线制得甘油。目前工业上多采用过乙酸过氧化然后水解的工艺。

美国的FMC公司和日本大赛珞公司采用法国Progil公司的环氧丙烷液相异构化生产烯丙醇技术，分别于 1969 年和 1970 年建成了合成甘油工厂。

FMC 法自丙烯合成甘油的过程分为环氧化和水解两步进行。烯丙醇自底部送入塔式反应器，与溶于高沸溶剂（沸点在 130～170℃的酯类或酮类，如二异丁基酮）中的过乙酸溶液在 50～75℃逆流接触。反应形成的低沸副产物（如乙醛、丙醛、乙酸甲酯等）由塔顶蒸出，塔底产品为含有 6%～7%缩水甘油和约 10%乙酸的反应混合物，在缩水甘油塔中蒸馏分离溶剂和乙酸后，水解为甘油。甘油稀水溶液按常规方法浓缩和精制。

日本大赛珞法生产甘油主要包括丙烯环氧化、环氧丙烷异构化、烯丙醇环氧化和水解等步骤。烯丙醇在塔的底部加入，中部送入过乙酸的乙酸乙酯溶液，水则自上部加入。控制塔下温度在 60～70℃和压力为 13.3～20 kPa。塔顶蒸出乙酸乙酯与水的共沸物。甘油与少量未水解的缩水甘油混合物则自塔底排出后进水解反应器进一步水解。反应产物分离乙酸和溶剂后送多效蒸发器浓缩精制。

（3）丙烯醛法。

本工艺主要包括丙烯氧化、羰基还原、烯丙醇环氧化及水解等反应过程。

化学反应式如下：

$$CH_2{=}CHCH_3 + O_2 \longrightarrow CH_2{=}CHCHO + H_2O$$

$$CH_2{=}CHCHO{+}(CH_3)_2CHOH \longrightarrow CH_2{=}CHCH_2OH{+}(CH_3)_2CO$$

$$CH_2{=}CHCH_2OH{+}H_2O_2 \longrightarrow \underset{\diagdown O \diagup}{CH_2-CH-CH_2Cl} + H_2O \longrightarrow H_2OHCHOHCH_2OH$$

丙烯可以在多种催化剂上气相氧化为丙烯醛。丙烯醛与过量异丙醇混合，汽化后进入装有氧化镁–氧化锌催化剂的列管式固定床反应器，在400℃还原。过量异丙醇与丙酮分离后循环。

烯丙醇的羟基化是在少量钨酸催化剂存在下，以过氧化氢为羟基化剂，在50～70℃的液相中进行。采用3个串联的搅拌反应器，甘油收率为80%～90%。反应后，浆状氧化钨催化剂自反应溶液中回收并循环。含5%甘油的稀水溶液在多效蒸发器中浓缩到90%以上。然后加少量碱闪蒸，再真空蒸馏为工业级甘油。

三、合成甘油的生产工艺流程

1．氯丙烯法制甘油的工艺流程

Shell法甘油总产率（基于丙烯和氯）为75%～80%。此法除生产甘油外，中间产物环氧氯丙烷还能用于生产环氧树脂，副产D–D馏分可作农药杀虫剂。但过程耗用大量氯气，受氯气资源和价格的影响很大。且在生产过程中会产生含有氯化钙和有机氯衍生物的污水，需要大量资金净化处理。此外，氯化过程中丙烯纯度和反应器材质要求较高。从甘油的稀水溶液到高纯度甘油需经多步精制，能耗也比较大。Shell氯丙烯法制甘油的工艺流程见图7-2。

2．环氧丙烷法制甘油的工艺流程

由于天然甘油供应过剩，FMC已于1982年7月关闭了过乙酸法生产甘油的工厂。图7-3是FMC法制甘油的工艺流程。

日本大赛珞法制甘油的过程中副反应极少，溶剂的回收率也较高，而且两步反应在同一装置中进行，防止了缩水甘油的聚合现象，提高了甘油的回收率，降低了设备投资和能耗。但是，在生产甘油的同时，产生了大量的乙酸，解决乙酸的供需平衡以及腐蚀等问题是影响这一方法技术经济可行性的关键。图7-4是大赛珞法制甘油的工艺流程。

3．丙烯醛法制甘油的工艺流程

丙烯醛法的最大优点是不用氯气，也不存在大量废水的处理问题。但此法的工艺复杂且收率不高，基于丙烯的甘油收率为 50%～60%。丙烯醛法制甘油的工艺流程见图 7-5。

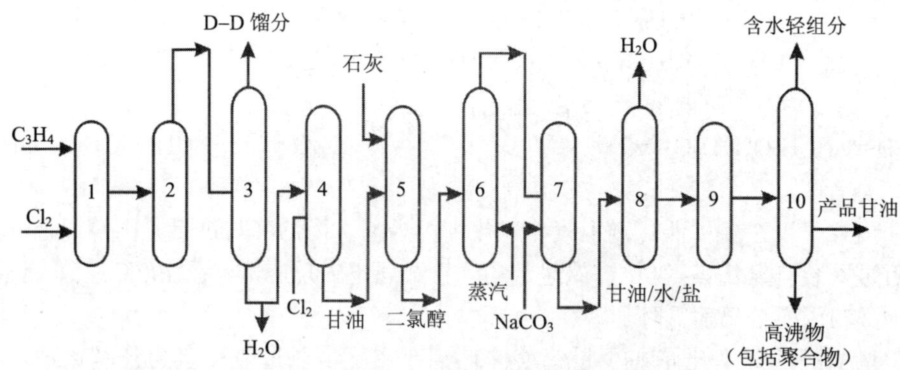

1—预热器；2—反应器；3—氯丙烯分离塔；4—次氯酸化塔；5—皂化塔；6—蒸汽蒸馏塔；7—水解塔；8—多效蒸发器；9—离心分离器；10—真空蒸馏塔

图 7-2 Shell 氯丙烯法制甘油的工艺流程

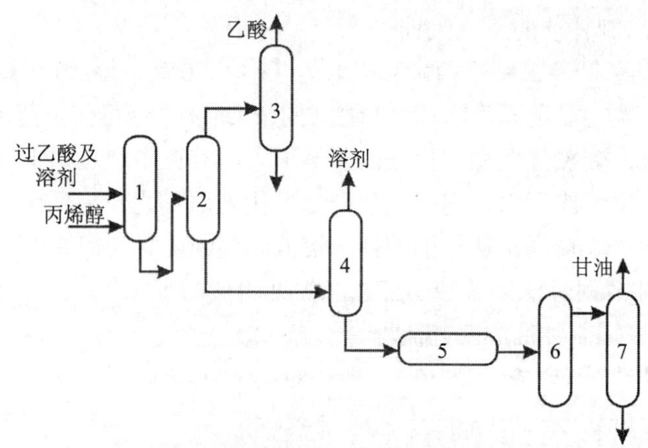

1—反应塔；2—缩水甘油塔；3—乙酸塔；4—溶剂分离塔；5—水解反应器；6—多效蒸发器；7—甘油塔

图 7-3 FMC 法甘油生产流程

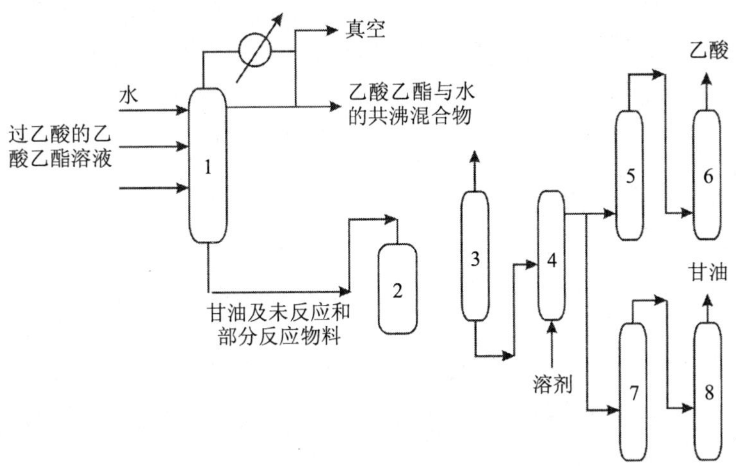

1—反应蒸馏塔；2—水解反应器；3，5—分离器；4—萃取塔；

6—乙酸塔；7—多效蒸发器；8—甘油塔

图 7-4 大赛珞法甘油生产流程

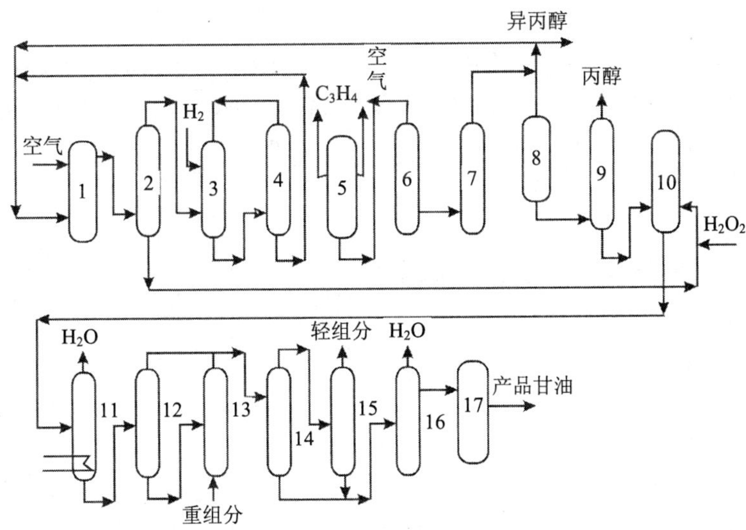

1，5，6，8，10—反应器；2—H_2O_2蒸馏塔；3—加氢器；4—丙酮蒸馏塔；

7—丙烯醛蒸馏塔；9—丙烯醇蒸馏塔；11—多效蒸发器；12，16—闪蒸塔；

13，15—回收塔；14—真空蒸馏塔；17—活性炭吸附器

图 7-5 丙烯醛法甘油生产流程

四、甘油产品其他理化指标的检验方法

1．透明度的测定

（1）仪器。

① 纳氏比色管：50mL。

② 乳白色电灯。

③ 实验室常用仪器。

（2）测定方法。

将甘油样品混合均匀，并用抽真空或超声波脱气，量取 50 mL，置于纳氏比色管中，在室温下向着乳白色电灯观察，再置于白色布幕前反射光观察，如均无浑浊现象即判为透明。

2．气味的测定。

将少许甘油样品置于手背上涂抹后，嗅其气味，如仅有甘油的特殊气味，而无其他异味，即判定为无不良气味。

3．色泽的测定。

（1）测定原理。

试样的颜色与标准铂-钴比色液的颜色目测比较，并以 Hazen（铂-钴）颜色单位表示结果。Hazen（铂-钴）颜色单位即：每升溶液含 1mg 铂（以氯铂酸计）及 2mg 六水合氯化钴溶液的颜色。

（2）仪器、试剂。

① 试剂。

a．六水合氯化钴（$COCl_2 \cdot 6H_2O$）。

b．盐酸。

c．氯铂酸钾（K_2PtCl_6）。

② 仪器。

a．分光光度计：波长范围 420～800 nm。

b．纳氏比色管：50 mL 或 100 mL，在底部以上 100 mm 处有刻度标记。

c．比色管架：一般比色管架底部衬白色底板，底部也可安有反光镜，以提高观察颜色的效果。

（3）测定步骤。

① 标准比色母液的制备。在 1 000 mL 容量瓶中溶解 1.00 g 六水合氯化钴（$COCl_2 \cdot 6H_2O$）和 1.245 g 氯铂酸钾于水中，加 100 mL 盐酸溶液，稀释到刻度线，并混合均匀。

标准比色母液可以用分光光度计以 1 cm 的比色皿按表 7-4 所示进行检查。

表 7-4 波长与消光值对应表

波长/nm	消光值
430	0.110～0.120
455	0.130～0.145
480	0.105～0.120
510	0.055～0.065

② 标准铂–钴对比溶液的配制。在 15 只 100 mL 容量瓶中，分别加入如表 7-5 所列的体积的标准比色贮备液，用蒸馏水稀释至刻度，摇匀。

表 7-5 铂–钴标准色度溶液的配制

标准比色贮备液体积/mL	1.0	2.0	3.0	4.0	5.0	6.0	7.0	8.0
铂–钴色度单位/Hazen	5	10	15	20	25	30	35	40
标准比色贮备液体积/mL	9.0	10.0	12.0	14.0	16.0	18.0	20.0	
铂–钴色度单位/Hazen	45	50	60	70	80	90	100	

③ 测定。向一支纳氏比色管中注入试样至刻度线，向一系列纳氏比色管分别注入不同的铂–钴标准比色溶液至刻度线，置于比色管架上。各管外套一黑纸筒，避免侧面光的影响。

比较试样与铂–钴标准比色溶液的颜色。比色时正对着日光或日光灯照射的白色背景，从上往下观测，选定最接近的颜色。

（4）分析结果的表述。

试样的色泽以最接近于试样的铂–钴标准比色溶液的 Hazen（铂–钴色度）单位表示。如果试样的色泽介于两铂–钴标准比色溶液之间，则以色泽较深的铂–钴标准比色溶液的 Hazen 单位表示。

4．20℃时密度的测定

（1）测定原理。

测量空比重瓶的质量和装满 20℃水的质量以测定比重瓶的容积，再测量比重瓶装满试样的试样质量，来计算甘油 20℃时密度。

（2）仪器。

① 比重瓶：容量 25～50 mL，带有温度计（图 7-6）。

② 恒温水浴：能保持 20℃恒温，准确至 0.1℃，容量 1 L 以上。

③ 干燥器：内置变色硅胶。

④ 分析天平：精度 0.2 mg。

（3）测定步骤。

① 比重瓶校准。用重铬酸钾硫酸洗液、蒸馏水、乙醇、丙酮等依次仔细洗净比重瓶，晾干后，置于干燥器内 30 min 称量，称准至 0.000 2 g。将煮沸并冷却至温度稍低于 20℃的蒸馏水装满比重瓶，避免产生气泡。插入温度计，放入 20℃恒温水浴中，保持 30 min。用滤纸迅速吸去毛细管中溢出的水，盖上小帽，取出比重瓶，仔细擦干比重瓶的外表面，置于干燥器内 30 min 称量。由质量差计算比重瓶内装满水的表观质量 m_1。

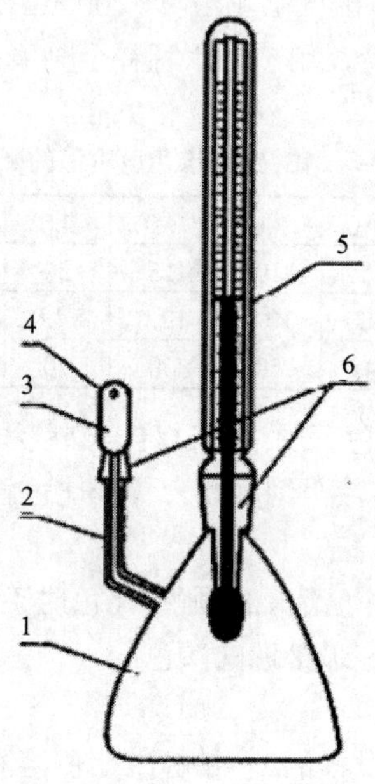

1—比重瓶主体；2—毛细测管；3—帽；

4—排气孔；5—温度计；6—玻璃磨口接头

图 7-6 比重瓶

② 测定。用同一洁净、干燥的比重瓶按上述方法装满稍低于 20℃的甘油试样，进行测定。装注甘油试样时，应避免产生气泡。

（4）分析结果的表述。

① 甘油试样在 20℃时的密度ρ_{20}，单位为 g/mL，按下式计算：

$$\rho_{20} = \frac{m_2 + A}{m_1 + A} \times \rho_w$$

$$A = m_1 \rho_a$$

式中，m_2 —— 比重瓶灌满 20℃甘油试样的表观质量，g；

A —— 空比重瓶内充空气的质量，g；

ρ_w —— 水在 20℃的密度，0.998 2 g/mL；

m_1 —— 比重瓶灌满 20℃水的表观质量，g；

ρ_a —— 在标准大气压下 20℃干燥空气的密度，0.001 2 g/mL。

② 不同温度时的密度换算。由温度 t_2 时的密度（ρ_{t2}，g/mL）换算成温度 t_1 时的密度（ρ_{t1}，g/mL），按下式计算：

$$\rho_{t_1} = \rho_{t_2} + B\rho_{wt_1}(t_2 - t_1)$$

式中：ρ_{wt_1} —— 在温度 t_1 时水的密度，g/mL（见表 7-6）；

B —— 温度校正系数，$℃^{-1}$。甘油含量为 80%～100%时，B=0.000 615$℃^{-1}$。

表 7-6 水在不同温度时的密度

温度/℃	10	15	20	25	30
水的密度/（g/mL）	0.999 73	0.999 13	0.998 23	0.997 07	0.995 67

③ 允许差。以两次平行测定结果的算术平均值表示至小数点后四位作为测定结果。在重复条件下获得的两次独立测试结果的绝对差值不大于 0.000 5 g/mL，以大于 0.000 5 g/mL 情况不超过 5%为前提。

5．硫酸化灰分的测定

本方法适用于硫酸化灰分含量不大于 0.5%（质量分数）的各种甘油产品。

（1）测定原理。

燃烧试验份，并在硫酸存在下于 800～850℃灼烧残余物，称量由此得到的硫酸化灰分。

（2）试剂。

硫酸。

（3）仪器。

① 瓷蒸发皿：直径 70～90 mm，高度 25～50 mm。

② 干燥器：内置变色硅胶。

③ 高温电炉：可控温 800～850℃。

④ 实验室常用仪器。

（4）测定步骤。

① 试验份。将瓷蒸发皿放在 800～850℃高温电炉中加热数分钟，取出，置于干燥器中冷却至室温并称量，称准至 0.001 g。于已预称量的瓷蒸发皿中称取试样（50±1）g（称准至 0.01 g）。

② 测定。在小火焰上缓缓加热盛试验份的蒸发皿，避免飞溅，引燃蒸气，停止加热，使之燃烧，得到碳化物。

冷却后，加入数滴硫酸润湿残余物，加热至白烟消失，除去过量的酸并使可燃物烧尽。重复此操作，然后将蒸发皿置于 800～850℃高温电炉内燃烧 5 min。

取出蒸发皿置于干燥器内冷却至室温并称量，称准至 0.001 g。

（5）分析结果的表述。

① 甘油的硫酸化灰分 H 以质量分数（%）表示，按下式计算：

$$H = \frac{m_1 - m_0}{m} \times 100\%$$

式中，m_1 —— 含硫酸化灰分的瓷蒸发皿的质量，g；

m_0 —— 空蒸发皿的质量，g；

m —— 试验份的质量，g。

② 允许差。以两次平行测定结果的算术平均值表示至小数点后三位作为测定结果。在重复条件下获得的两次独立测试结果的绝对差值不大于 0.005%，以大于 0.005%情况不超过 5%为前提。

6．重金属含量的测定

（1）测定原理。

甘油在乙酸溶液中，重金属与硫化氢饱和溶液生成有色的金属硫化物沉淀，沉淀悬浮在溶液中呈现的颜色与一定量的铅标准溶液在同条件下生成的颜色相比较。

（2）试剂

① 乙酸溶液：量取乙酸 58 mL，用水配成 1 000 mL 的溶液。

② 硝酸溶液：量取硝酸 10 mL，用水配成 1 000 mL 的溶液。

③ 硝酸铅。

④ 铅标准溶液

准确称取硝酸铅 0.159 8 g，置于 1 000 mL 容量瓶中，加入含硝酸溶液 1 mL 的蒸馏水 100 mL，溶解后加水稀释至刻度，此贮备液含铅 0.1 mg/mL。

移取硝酸铅贮备液 10.0 mL，置于 100 mL 容量瓶中，加蒸馏水稀释至刻度，混匀。此溶液含铅 10 μg/mL。此溶液应在临用时稀释，配制与贮存溶液用的玻璃容器均不得含有铅。

⑤ 饱和硫化氢溶液。

以稀盐酸加入盛有硫化铁的发生器内，即得硫化氢气体，将此气体导入蒸馏水内，使成饱和溶液，此溶液应在临用时配制。

（3）仪器。

① 纳氏比色管：50 mL。

② 比色管架，托板为白色。

③ 实验室常用仪器。

（4）测定步骤。

取纳氏比色管两支，A 管中加入铅标准溶液（10 μg/mL）2.0 mL，B 管中加入甘油试样 4.0 g，两管各加入 2 mL 乙酸溶液，用水稀释至 25mL，再分别加入饱和硫化氢溶液 10 mL，混合，在暗处放置 10 min 后，同置于纳氏比色管架上，对着白色背景，自上向下观察，比较两管溶液呈现出的颜色。如试样溶液呈现出的颜色比铅标准溶液的颜色浅，即认为甘油中重金属含量不高于 5 mg/kg。

（5）分析结果的表述。

两次平行试验得到相同的结果，即为最后的结果。试验报告应表明试样试验呈现的颜色深于、浅于或相当于铅标准溶液试验呈现的颜色。

7．砷含量的测定

（1）测定原理。

试验溶液以碘化钾、氯化亚锡将五价砷还原为三价砷，然后与锌粒和酸产生的新生态氢生成砷化氢，再与溴化汞试纸生成黄色至橙色的色斑，比较试样与标准砷斑作出判断。

（2）试剂。

① 盐酸。

② 碘化钾溶液：165 g/L。

③ 氯化亚锡盐酸溶液：溶解 8 g 氯化亚锡于 500 mL 浓盐酸中，保存于具塞棕色试剂瓶内，有效期为三个月。

④ 无砷锌粒：粒度 0.8～1.8 mm。

⑤ 氢氧化钠溶液：200 g/L。

⑥ 硫酸溶液：量取浓硫酸 60 mL，配成 1 000 mL 的溶液。

⑦ 乙酸铅吸收棉：溶解乙酸铅三水合物 9.5 g 于水中，稀释至 100 mL，贮存于玻璃瓶内，密封保存。取脱脂棉浸入该乙酸铅溶液与水等体积混合液中，浸透后沥去过量的溶液，在 80℃以下的烘箱内烘干，贮存于具塞瓶中备用。

⑧ 溴化汞试纸：将溴化汞 5.5 g 溶解于 95%乙醇，用水稀释至 100 mL。将不含砷的滤纸剪成直径 2 cm 的圆片或边长 2 cm 的方片，在溴化汞溶液中浸渍 1 h 以上，保存于冰箱中，临用时取出滤纸片置暗处阴干备用。

⑨ 三氧化二砷。

⑩ 砷标准溶液。

将三氧化二砷于硫酸干燥器中干燥至恒重，精确称取 0.132 0 g 于 100 mL 烧杯中，加氢氧化钠溶液 5 mL 溶解，加硫酸中和后，再加硫酸 10 mL，用水转移至 1 000 mL 容量瓶中并稀释至刻度，混匀。此溶液为砷标准贮备液，含砷 0.1 mg/mL。

准确移取砷标准贮备液 1.0 mL 至 100 mL 容量瓶中，加 1 mL 硫酸，用水稀释至刻度，混匀。此溶液为砷标准使用溶液，含砷 1 μg/mL，需临用时配制。

（3）仪器。

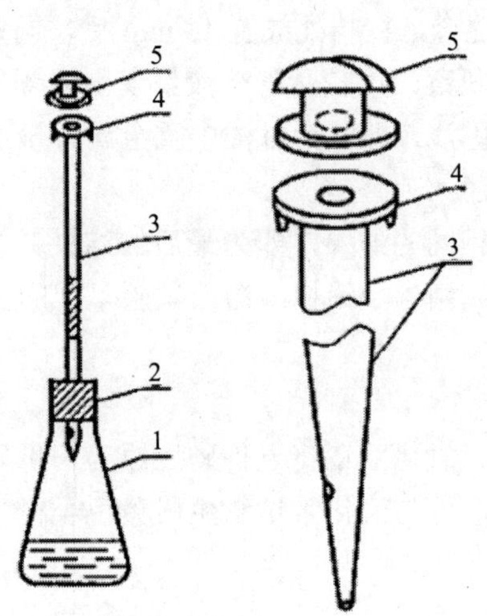

1—锥形瓶；2—橡皮塞；3—测砷管；4—管口；5—玻璃帽

图 7-7 测砷装置

① 测砷装置，如图 7-7 所示。

a．锥形瓶：100 mL。

b．橡皮塞：中间有孔与测砷管相配。

c．玻璃测砷管：全长 18 cm，上粗下细，自管口向下至 14 cm 一段的内径约 6.5 mm，自此以下渐细，末端内径 1～3 mm。距末端 1 cm 处有一直径约 2 mm 的小孔，狭细部分紧密插入橡皮塞中，使下部小孔伸出橡皮塞至少 3 mm。顶端为圆形扁平的管口，表面磨平，对径两侧面各有一钩用于固定玻璃帽。自顶端管口 3 cm

以下的较粗部分装有 5～6 cm 长的乙酸铅吸收棉。

d．玻璃帽：下端面磨平，上面有弯月形凹槽，中央有直径 6.5 mm 的圆孔。

使用时，装入玻璃测砷管下端的橡皮塞塞入锥形瓶口；玻璃帽盖在玻璃测砷管上端管口，使圆孔相互吻合，中间夹一溴化汞试纸，用橡皮圈穿过钩套住玻璃帽与测砷管。

② 实验室常规仪器。

（4）测定步骤。

① 试验准备。取两套测砷装置，分别标为 A 和 B，配好橡皮塞，在玻璃测砷管上部较粗部分填入 5～6 cm 长度的乙酸铅吸收棉，在玻璃帽和测砷管上端面间夹一片溴化汞试纸，用橡皮圈固定玻璃帽与测砷管。

② 试验。向锥形瓶 A 中加入甘油试样 1.0 g，锥形瓶 B 中加入砷标准使用溶液 2.0 mL，各加入盐酸 5 mL、碘化钾溶液 5 mL 和氯化亚锡溶液 5 滴，向每个锥形瓶加水使溶液总体积约 40 mL，于室温下放置 10 min 后，各加锌粒 1.5 g。迅速将玻璃测砷管下面的橡皮塞塞入锥形瓶口。将锥形瓶浸入约 25℃的水盘中，调节水的温度，控制反应速率，但水温不得超过 40℃。1h 后，拆开玻璃帽，取出溴化汞试纸，比较试样砷斑与砷标准溶液砷斑的颜色。如试样砷斑的颜色不深于砷标准溶液砷斑的颜色，即认为甘油中含砷不高于 2 mg/kg。

（5）分析结果的表述。

两次平行试验得到相同的结果，即为最后的结果。试验报告应表明试样砷斑的颜色深于、浅于或相当于砷标准溶液砷斑的颜色。

项目八　工业用环己酮的分析检验

项目内容

环己酮（cyclohexanone），分子式 $C_6H_{10}O$，无色透明液体，带有泥土气息，含有微量的酚时，则带有薄荷味。因存放时间延长会生成杂质而显色，呈水白色到灰黄色，具有刺鼻臭味。折射率 1.450，蒸气压 2 kPa（47℃），自燃点 520～580 ℃。与空气混合爆炸极限 3.2%～9.0%（体积）。在水中溶解度 10.5%（10℃），水在环己酮中溶解度 5.6%（12℃），易溶于乙醇和乙醚。在冷水中溶解度大于热水。环己酮有致癌作用，在工业上主要用作有机合成原料和溶剂，可溶解硝酸纤维素、涂料、油漆等。

表 8-1　工业用环己酮的技术要求

项目	指标		
	优等品	一等品	合格品
色度/Hazen 单位（铂–钴色号）（≤）	15	25	—
密度ρ_{20}/（g/cm^3）	0.946～0.947	0.944～0.948	
在 0℃、101.3 kPa 馏程范围/℃	153.0～157.0		152.0～157.0
馏出 95 mL 时的温度间隔/℃（≤）	1.5	3.0	5.0
水分的质量分数/%（≤）	0.08	0.15	0.20
酸度（以乙酸计）的质量分数/%（≤）	0.01		—
折光率 n_D^{20}	由供需双方协商确定		
纯度的质量分数/%（≥）	99.8	99.5	99.0

工业用环己酮现行的标准是国家标准 GB/T 10669—2001。该标准指出工业用环己酮主要用于制造尼龙的中间体，作为溶剂和工业原料应用于涂料、树脂及医药等行业。其外观为透明液体，没有可见杂质。并规定了工业用环己酮的技术要求，见表 8-1。

由环己烷氧化法制得的工业用环己酮产品按照国家标准 GB/T 10669—2001

《工业用环己酮》中的规定进行测定。该标准规定了工业用环己酮的试验方法，包括环己酮纯度、酸度、色度、密度、馏程、水分、折光率等的测定方法。

工作任务

任务一　工业用环己酮分析准备工作

一、样品的采集和制备

1．工业用环己酮样品的采集

（1）确定批量。

工业用环己酮以同等质量的均匀产品为一批。桶装产品以不大于 50 t 为一批。罐装产品以车罐或船罐的单位包装量为一批。

（2）样品数。

环己酮用桶装时，总的包装桶数小于 500 的，取样桶数按表 1-4 的规定选取；大于 500 时，按 $3\times\sqrt[3]{N}$ （N 为总的包装数）的规定选取。

（3）样品量。

取样量不少于 1 000 mL。

（4）采样方法。

环己酮用桶装时，采样可用采样工具从容器的上、中、下部采取均匀试样，然后混合为平均试样。

2．样品的保存

将所采的样品收集于两个干燥、清洁、磨口的玻璃瓶中，贴上标签并注明：产品名称、批号、取样日期。一瓶用于检验部门的检验，另一瓶封好保存待查，保存期为两个月。

二、工业用环己酮的检验规则

（1）工业用环己酮技术要求中的所有指标项目均为型式检验项目，其中色度、馏程、水分、纯度为出厂检验项目。在正常情况下，每三个月至少要进行一次型式检验。

（2）工业用环己酮应由生产厂的质量监督部门进行检验。生产厂应保证所有出厂产品均符合要求。每批出厂的产品都应附有一定格式的质量证明书，其内容包括：生产厂名称、产品名称、商标、生产日期、批号、等级、净重、厂址及编号等。

（3）使用单位有权按规定对所收到的工业用环己酮进行验收。

（4）检验结果如果有一项指标不符合要求时，桶装产品应重新自两倍数量的包装单元中采样进行检验，罐装产品应重新多点采样进行检验。重新检验的结果即使只有一项指标不符合要求，则整批产品为不合格。

三、工业用环己酮的标志、包装、运输、贮存及安全

1．标志、标签

工业用环己酮的包装容器上应有牢固标志，其内容包括：生产厂名称、产品名称、商标、生产日期、批号、等级、净重、厂址、标准编号及符合 GB 190—2009 规定的易燃液体标志等。

2．包装、运输、贮存

（1）工业用环己酮应包装在干燥清洁的车罐、船罐、镀锌钢桶或钢桶中，封口必须严密。

（2）在装卸及运输过程中，应轻拿轻放，防止猛烈撞击，防止日晒雨淋。

（3）工业用环己酮应贮存于干燥、通风良好的库房内，与火源隔绝。自生产之日起，保质期为三个月，逾期应重新检验判定等级。

3．安全要求

（1）工业用环己酮为易燃物，遇高热、明火及强氧化剂易引起燃烧。闪点 44℃，空气中自燃的温度 420℃，爆炸极限 1.1%～8.1%（体积分数）。

（2）环己酮属低毒类有机物，其蒸气能刺激人眼、皮肤和呼吸系统，液体能刺激眼，造成结膜炎，经常与皮肤接触会引起皮炎，高浓度的环己酮具有麻醉作用。

（3）环己酮的操作区应有通风设备。在高浓度环己酮蒸气的区域操作时，应配用合适的防毒面具或氧气呼吸器。

（4）泄漏的环己酮应用沙、泥土或其他惰性物质撒盖，然后用不产生火星的材料制成的工具收拾，再用水清洗泄漏区。环己酮燃烧时，可使用泡沫灭火器、干粉灭火器和二氧化碳灭火器等灭火工具。

（5）在输送环己酮时，所有设备及管道必须接地，以免产生静电。

四、定性检验

1．试剂

邻环己酚；硫酸；氯仿；冰醋酸。

2．检验

（1）外观应为无色透明液体：将试样注入清洁、干燥的 100 mL 具塞比色管中目测。

（2）混合少许邻环己酚和 10 滴样品，于下层加 1 mL 浓硫酸，30 min 后与等量的氯仿混合，小心摇动，这时环己酮和甲基环己酮均呈蓝色，轻轻倒出氯仿层，混合几滴冰醋酸则环己酮呈现亮蓝色。

（3）在下述测定中，产品的馏程、折射率、气相色谱保留值等应等于或接近标准值。

任务二　工业用环己酮纯度的测定

一、肟化法

1．测定原理

盐酸羟胺与已知量的三乙醇胺水溶液反应，部分转变为游离羟胺，生成的游离羟胺与环己酮反应生成相应的肟；剩余的游离羟胺用硫酸标准滴定溶液滴定，从而得出环己酮的含量。

$$NH_2OH \cdot HCl + (HOCH_2CH_2)_3N \longrightarrow NH_2OH + (HOCH_2CH_2)_3N \cdot HCl$$

$$C_6H_{10}{=}O + NH_2OH \longrightarrow H_2O + C_6H_{10}{=}N{-}OH$$

2．仪器、试剂

（1）试剂。

① 三乙醇胺水溶液 $c\,[(HOCH_2CH_2)_3N] = 0.5$ mol/L。

称取 74 g 三乙醇胺（98%）溶解于水中，用水稀释至 1 L，并调整该溶液的浓度略低于硫酸标准滴定溶液的浓度。

② 盐酸羟胺水溶液 $c\,(NH_2OH \cdot HCl) = 0.5$ mol/L。

称取 35 g 盐酸羟胺溶解于 150 mL 水中，用异丙醇（99%）稀释至 1 L。

③ 溴酚蓝指示液 0.4 g/L 乙醇溶液。

称取 0.04 g 溴酚蓝溶解在 100 mL 乙醇溶液中，用 $c\,(NaOH) = 0.1$ mol/L 氢氧化钠溶液滴定至淡红铜色。

④ 硫酸标准滴定溶液 $c\,(1/2\ H_2SO_4) = 0.5$ mol/L。

⑤ 中性盐酸羟胺溶液：在 150 mL 盐酸羟胺水溶液中加入 4 mL 溴酚蓝指示

液，并用滴定管向溶液中滴加三乙醇胺溶液，直到通过透射光线观察溶液呈蓝绿色。该溶液在使用前配制。

（2）仪器。

实验室常规仪器。

3．测定步骤

（1）配制空白对比溶液。在 65 mL 中性盐酸羟胺溶液中，加入 100 mL 水，作为空白试验和样品滴定时的标准终点色度。

（2）用安瓿球称取 1.1～1.4 g 样品（精确至 0.000 1 g），加入预先准备好的盛有 65 mL 盐酸羟胺溶液和移液管吸取 50 mL 三乙醇胺溶液的锥形瓶中，打破安瓿球，并剧烈震荡，室温下放置 30 min，间断地摇动锥形瓶。用 10～15 mL 水冲洗瓶口及瓶盖，用 c（1/2 H_2SO_4）= 0.5 mol/L 硫酸标准滴定溶液滴定，直到通过透射光线观察与空白对比液颜色相同为终点。

（3）在同样条件下做一空白试验。

4．分析结果的表述

$$w(C_6H_{10}O)=\frac{c(V_0-V)\times 0.098\,15}{m}$$

式中，c —— 硫酸标准滴定溶液的浓度，mol/L；

V —— 滴定样品消耗硫酸标准滴定溶液的体积，mL；

V_0 —— 空白试验消耗硫酸标准滴定溶液的体积，mL；

m —— 样品的质量，g；

0.098 15 —— 环己酮的毫摩尔质量，g/mmol。

二、气相色谱法

1．测定原理

试样通过色谱柱，各组分得以分离，用火焰离子化检测器检测，杂质的质量分数用外标法按积分面积测定，100.0 减去杂质及水的质量分数即为纯度。

2．仪器、试剂

（1）试剂。

① 环己醇：色谱纯，外标物。

② 正戊醇：色谱纯，外标物。

③ 环己酮：色谱纯。

④ 聚乙二醇 20 mol/L。

⑤ 担体：6201 型担体，0.18～0.25 mm（80～60 目）。

⑥ 氮气：纯度不小于 99.99%。

⑦ 氢气：纯度不小于 99.9%。

⑧ 空气：经净化处理。

（2）仪器。

① 气相色谱仪：配有火焰离子化检测器。

② 色谱柱。

色谱柱的老化：将已填充好的色谱柱装入色谱柱箱中，检查气密性后，自柱温 60℃开始，以 5℃/min 的速度升温，最终温度至 150℃，通氮气分段老化，在 150℃下老化 10 h 以上，直到基线稳定。

表 8-2 纯度测定的色谱柱、色谱操作条件

柱管材质	不锈钢或玻璃
柱长	3 m
柱内径	3 mm
固定相	聚乙二醇 20 mol/L:6201 型担体=15:100
外标物	正戊醇，环己醇
柱箱温度	120℃
汽化室温度	200℃
检测器温度	200℃
进样量	1 μL
氮气流速	30 mL/min
空气流速	300 mL/min
氢气流速	30 mL/min

纯度测定推荐的色谱柱、色谱操作条件见表 8-2，相对保留时间见表 8-3，典型色谱图见图 8-1。

表 8-3 纯度测定的相对保留时间

峰序	组分名称	相对保留时间	峰序	组分名称	相对保留时间
1	未知组分	0.35	8	未知组分	0.74
2	丁醇	0.41	9	正丁基环己基醚	0.78
3	未知组分	0.45	10	环戊醇	0.88
4	3–庚酮	0.51	11	环己酮	1.00
5	2–庚酮	0.56	12	环己醇	1.43
6	环戊酮	0.61	13	未知组分	1.56
7	正戊醇	0.67			

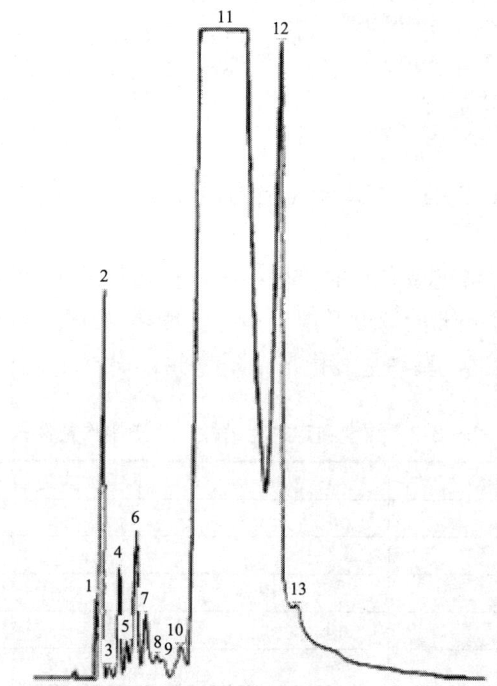

1，3，8，13—未知组分；2—丁醇；4—3—庚酮；5—2—庚酮；6—环戊酮；
7—正戊醇；9—正丁基环己基醚；10—环戊醇；11—环己酮；12—环己醇

图 8-1 环己酮纯度测定的典型色谱

③ 色谱数据处理机或记录仪。

④ 进样器：微量注射器，1～5 μL。

3．测定步骤

（1）标样的制备。

准确称取一定量的环己酮，加入已知量的正戊醇和环己醇配成标样，以上称量均精确至 0.000 2 g，混匀。在标样中，正戊醇的质量分数为 0.06%～0.08%，环己醇的质量分数为 0.02%～0.04%。配好的标样装于安瓿瓶内备用。

（2）测定。

按照色谱操作条件调整仪器，基线稳定后，用微量注射器先后进标样及试样，测量各杂质峰面积，按外标法进行计算。

4．分析结果的表述

（1）以质量分数%表示的纯度 X_2、轻组分杂质含量 X_3、重组分杂质含量 X_4 按下面各式计算：

$$X_2 = 100.0 - X_3 - X_4 - X_5$$

$$X_3 = \frac{c_1 A_1'}{A_1} \times 100$$

$$X_4 = \frac{c_2 A_2'}{A_2} \times 100$$

式中，X_4——环己酮中水分的质量分数，%；

c_1——标样中正戊醇的质量分数，%；

c_2——标样中环己醇的质量分数，%；

A_1'——环己酮峰前各组分峰的总面积；

A_2'——环己酮峰后各组分峰的总面积；

A_1——标样中正戊醇的峰面积；

A_2——标样中环己醇的峰面积。

（2）允许差。取两次平行测定结果的算术平均值为测定结果。两次平行测定结果之差不得大于 0.1%。

任务三　工业用环己酮酸度的测定

一、试剂、仪器

1．试剂

（1）95%乙醇。

（2）氢氧化钠标准滴定溶液：c（NaOH）= 0.1 mol/L。

（3）酚酞指示液：5 g/L。

（4）氮气：纯度不小于 99.9%。

2．仪器

（1）磁力搅拌器。

（2）微量滴定管：分刻度为 0.02 mL。

（3）实验室常规仪器。

二、测定步骤

取 95%乙醇 100 mL 倒入 500 mL 锥形瓶中，加 0.5 mL 酚酞指示液，以（500±50）mL/min 的速度通氮气 10～15 min。在磁力搅拌下，用氢氧化钠标准滴定溶液滴定至粉红色。于此溶液中加入 100 mL 试样，以同样的操作条件，用氢氧化钠标准滴定溶液滴定至粉红色，保持 15 s 不褪色为终点。

三、分析结果的表述

1．环己酮酸度的计算

以质量分数%表示的酸度（以乙酸计）X_1 按下式计算：

$$X_1 = \frac{cV_1 \times 0.060\,05}{V_2 \rho_t} \times 100 = \frac{cV_1 \times 6.005}{V_2 \rho_t}$$

式中，c —— 氢氧化钠标准滴定溶液的实际浓度，mol/L；

V_1 —— 滴定试样时消耗的氢氧化钠标准滴定溶液的体积，mL；

V_2 —— 试样的体积，mL；

ρ_t —— 试样的密度，g/cm^3；

0.060 05 —— 与 1.00 mL 氢氧化钠标准滴定溶液[c（NaOH）=1.000 mol/L]相当的以克表示的乙酸的质量。

2．允许差

取两次平行测定结果的算术平均值为测定结果。两次平行测定结果之差不得大于 0.001%。

任务四　工业用环己酮密度的测定

按 GB/T 4472—2011 规定的方法进行测定，以下是《化工产品密度、相对密度的测定》（GB/T 4472—2011）中规定的液体密度的测定方法。

一、密度瓶法

1．测定原理

在同一温度下，用水标定密度瓶体积，然后测定同体积试样的质量以求其密度。

2．仪器

（1）分析天平。

（2）密度瓶：25～50 cm^3（图 8-2）。

（3）恒温水浴：温度控制在（20±0.1）℃。

（4）温度计：分度值为 0.1℃。

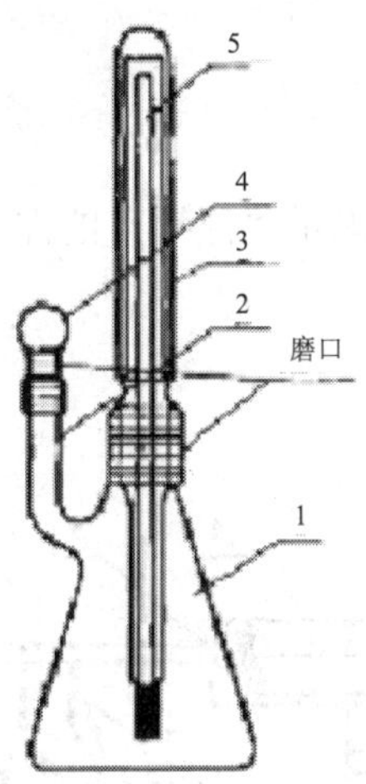

1—主体；2—侧孔；3—毛细管；4—罩；5—温度计

图 8-2　密度瓶

3．测定步骤

（1）洗净并干燥密度瓶，带塞称量。

（2）用新煮沸并冷却至约 20℃的蒸馏水注满密度瓶，不得带入气泡，装好后立即浸入（20±0.1）℃的恒温水浴中，恒温 20 min 以上取出，用滤纸除去溢出毛细管的水，擦干后立即称量。

（3）将密度瓶里的水倾出，清洗、干燥后称量。以试样代替水，同上操作，即得试样的质量。

4．分析结果的表述

密度ρ（g/cm^3）按下式计算：

$$\rho = \frac{m_1 + A}{m_2 + A} \times \rho_0$$

式中，m_1 —— 充满密度瓶所需试样的质量，g；

m_2 —— 充满密度瓶所需水的质量，g；

ρ_0 —— 在 20℃时蒸馏水的密度，g/cm^3；

A —— 浮力校正为$\rho_1 V$。其中ρ_1是干燥空气在 20℃、760 mmHg 的密度；V是所取试样的体积（cm^3）；但一般情况下，A 的影响很小，可忽略不计。

二、韦氏天平法

1．测定原理

在水和被测试样中，分别测量“浮锤”的浮力，由游码的读数计算出试样的密度。

2．仪器

（1）韦氏天平（图 8-3）。

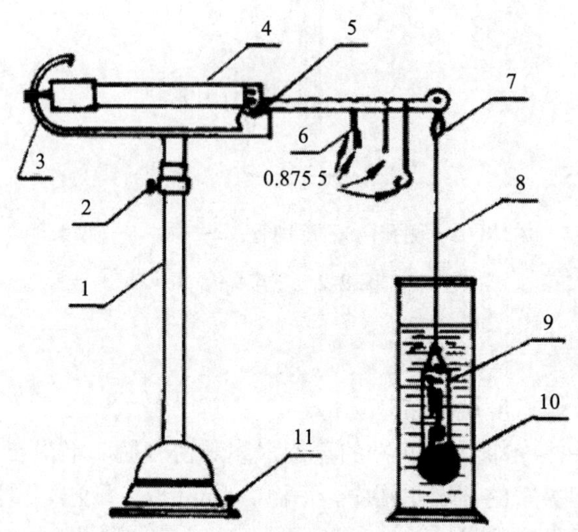

1—支架；2—调节器；3—指针；4—横梁；5—刀口；6—游码；
7—小钩；8—细铂丝；9—游锤；10—玻璃筒；11—调整螺丝

图 8-3 韦氏天平

（2）恒温水浴：温度控制在（20±0.1）℃。

（3）温度计：分度值为 0.1℃。

3．测定步骤

（1）将韦氏天平安装好，浮锤通过细铂丝挂在小钩上，旋转调整螺丝，使两个指针对正为止。

（2）向玻璃筒缓慢注入预先煮沸并冷却至约 20℃的蒸馏水，将浮锤全部浸入水中，不得带入气泡，把玻璃筒置于（20±0.1）℃的恒温水浴中，恒温 20 min 以上，待温度一致时，通过调节天平的游码，使天平梁平衡，记录读数。

（3）取出浮锤，干燥后在相同温度下，用待测的试样同样操作。

4．分析结果的表述

密度ρ（g/cm^3）按下式计算：

$$\rho = \frac{\rho_2}{\rho_1} \times \rho_0$$

式中，ρ_1—— 在水中游码的读数，g/cm^3；

ρ_2—— 在被测试样中游码的读数，g/cm^3；

ρ_0—— 在 20℃时蒸馏水的密度，g/cm^3。

三、密度计法

1．测定原理

由密度计在被测液体中达到平衡状态时所浸没的深度读出该液体的密度。

2．仪器

（1）密度计：分度值为 0.001 g/cm^3（图 8-4）。

（2）恒温水浴：温度控制在（20±0.1）℃。

（3）温度计：0～50℃，分度值为 0.1℃。

（4）玻璃量筒：250～500 mL。

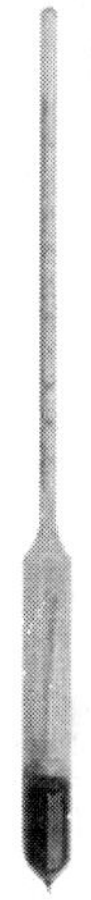

3．测定步骤

图 8-4　密度计

（1）在恒温（20℃）下的测定：将待测试样注入清洁、干燥的量筒内，不得有气泡，将量筒置于 20℃的恒温水浴中。待温度恒定后，将清洁、干燥的密度计缓缓地放入试样中，其下端应离筒底 2 cm 以上，不能与筒壁接触，密度计的上端露在液面外的部分所沾液体不得超过 2～3 分度，待密度计在试样中稳定后，读出密度计弯月面下缘的刻度（标有读弯月面上缘刻度的密度计除外），即为 20℃试样的密度。

（2）在常温下的测定：按上述操作在常温下进行。

4．分析结果的表述

（1）常温 t（℃）下测定试样的密度ρ_t（g/cm^3）按下式计算：

$$\rho_t = \rho_t' + \rho_t' \cdot \alpha(20 - t)$$

式中，ρ_t'—— 试样在 t（℃）时密度计的读数值，g/cm^3；

α—— 密度计的玻璃膨胀系数，一般为 0.000 025；

20—— 密度计的标准温度，℃；

t—— 测定时的温度，℃。

（2）常温 t（℃）试样的密度换算为 20℃时的密度ρ_{20}（g/cm^3）按下式计算：

$$\rho_{20} = \rho_t + k(t-20)$$

式中，ρ_{20}—— 样品在 20℃时的密度，g/cm^3；

ρ_t—— 在任一温度下测得的试样密度，g/cm^3；

t—— 测定试样时的温度，℃；

k—— 试样密度的温度校正系数，可根据查表或由不同液态化工产品实测求得[环己酮密度的温度校正系数 $k = 0.000\,89$ g/（$cm^3\cdot$℃）]。

（3）取两次平行测定结果的算术平均值为测定结果。两次平行测定结果之差不得大于 0.000 3 g/cm^3。若有争议，用比重瓶法仲裁。

任务五　工业用环己酮折光率的测定

按 GB/T 6488—2008 规定的方法进行测定，以下是 GB/T 6488—2008《液体化工产品 折光率的测定（20℃）》中规定的测定方法。

折光率：在钠光谱 D 线、20℃的条件下，空气中的光速与被测物中的光速的比值或光自空气通过被测物时的入射角的正弦与折射角的正弦的比值。

一、测定原理

当光从折光率为 n 的被测物质进入折光率为 N 的棱镜时，入射角为 i，折射角为 r，则：

$$\frac{\sin(i)}{\sin(r)} = \frac{N}{n}$$

在阿贝折射仪中，入射角 i=90℃，代入上式，可得：

$$\frac{1}{\sin(r)} = \frac{N}{n} \qquad n = N \times \sin(r)$$

棱镜的折光率 N 为已知值，则通过测量折射角 r 即可求出被测物质的折光率 n。

二、仪器

（1）阿贝折射仪。

（2）恒温水浴及循环泵应能向棱镜提供（20±0.1）℃的循环水。

三、测定步骤

（1）将恒温水浴与棱镜连接，使棱镜温度保持在（20±0.1）℃。

（2）用蒸馏水或工作样块校正阿贝折射仪，蒸馏水在20℃时的折光率为1.330，工作样块的折光率及校正方法见仪器说明书。

（3）测定前须清洗棱镜表面，可用无水酒精和乙醚的混合液清洗，再用镜头纸或医药棉将溶剂吸干。

（4）用滴管向棱镜表面滴加数滴20℃左右的样品，立即闭合棱镜并旋紧，应使样品均匀、无气泡并充满视场，待棱镜温度计恢复到（20±0.1）℃。

（5）调节反光镜使视场明亮。旋转读数手轮，使视场中出现明暗界线，同时旋转色散棱镜（阿米西棱镜）手轮，使界线处所呈彩色完全消失，再旋转读数手轮，使明暗界线在十字线中心，观察读数棱镜视场右边所指示的刻度值，即为所测折光率值。

（6）读出折光率值，估读至小数点后第四位。

四、允许差

取平行测定结果的算术平均值作为测定结果，平行测定结果的绝对差值应不大于0.000 2。

任务六 工业用环己酮色度的测定

一、测定原理

试样的颜色与标准铂–钴比色液的颜色目测比较，并以Hazen（铂–钴）颜色单位表示结果。Hazen（铂–钴）颜色单位即：每升溶液含1mg铂（以氯铂酸计）及2mg六水合氯化钴溶液的颜色。

二、仪器、试剂

1．试剂

（1）六水合氯化钴（$COCl_2 \cdot 6H_2O$）。

（2）盐酸。

（3）氯铂酸（H_2PtCl_6）。

氯铂酸的制法：在玻璃皿或瓷皿中用沸水浴加热法，将1.00 g铂溶于足量的王水中，当铂溶解后，蒸发溶液至干，加 4 mL 盐酸溶液再蒸发至干，重复此操作两次以上，这样可得 2.10 g 氯铂酸。

（4）氯铂酸钾（K_2PtCl_6）。

2．仪器

（1）72 型分光光度计或类似的分光光度计。

（2）纳氏比色管：50 mL 或 100 mL，在底部以上 100 mm 处有刻度标记。

（3）比色管架：一般比色管架底部衬白色底板，底部也可安有反光镜，以提高观察颜色的效果。

三、测定步骤

1．标准比色母液的制备（500 Hazen 单位）

在 1 000 mL 容量瓶中溶解 1.00 g 六水合氯化钴（$COC1_2 \cdot 6H_2O$）和相当于 1.05 g 的氯铂酸或 1.245 g 的氯铂酸钾于水中，加 100 mL 盐酸溶液，稀释到刻度线，并混合均匀。放入带塞棕色玻璃瓶中，置于暗处，可以保存 1 年。

注：标准比色母液可以用分光光度计以 1 cm 的比色皿按表 8-4 所示进行检查。

表 8-4　波长与消光值对应表

波长/nm	消光值
430	0.110～0.120
455	0.130～0.145
480	0.105～0.120
510	0.055～0.065

2．标准铂–钴对比溶液的配制

在 10 个 500 mL 及 14 个 250 mL 的两组容量瓶中，分别加入如表 8-5 所示的标准比色母液的体积数，用蒸馏水稀释到刻度线并混匀。放入带塞棕色玻璃瓶中，置于暗处，可以保存 1 个月，但最好应用新鲜配制的。

表 8-5　标准铂–钴对比溶液的配制

500 mL 容量瓶		250 mL 容量瓶	
标准比色母液的体积/mL	相应颜色/Hazen 单位铂–钴色号	标准比色母液的体积/mL	相应颜色/Hazen 单位铂–钴色号
5	5	30	60
10	10	35	70
15	15	40	80

500 mL 容量瓶		250 mL 容量瓶	
标准比色母液的体积/mL	相应颜色/Hazen 单位铂–钴色号	标准比色母液的体积/mL	相应颜色/Hazen 单位铂–钴色号
20	20	45	90
25	25	50	100
30	30	62.5	125
35	35	75	150
40	40	87.5	175
45	45	100	200
50	50	125	250
		150	300
		175	350
		200	400
		225	450

3．色度测定

（1）向一支 100 mL 纳氏比色管中注入一定量的试样，使注满到刻度线处，同样向另一支 100 mL 纳氏比色管中注入具有类似颜色的标准铂–钴对比溶液注满到刻度线处。

（2）比较试样与标准铂–钴对比溶液的颜色，比色时在日光或日光灯照射下，正对白色背景，从上往下观察，避免侧面观察，提出接近的颜色。

四、分析结果的表述

试样的颜色以最接近于试样的标准铂–钴对比溶液的 Hazen（铂–钴）颜色单位表示。如果试样的颜色与任何标准铂–钴对比溶液不相符合，则根据可能估计一个接近的铂–钴色号，并描述观察到的颜色。

任务七 工业用环己酮馏程的测定

按 GB/T 7534—2004 规定的方法进行测定，以下是《工业用挥发性有机液体沸程的测定》（GB/T 7534—2004）中规定的测定方法。

一、基本术语

1．初馏点

在标准条件下蒸馏，第一滴冷凝液滴从冷凝管末端滴下时观察到的瞬间温度

（必要时进行校正）。

2．干点

在标准条件下蒸馏，蒸馏瓶底最后一滴液体蒸发时观察到的瞬间温度。忽略不计蒸馏瓶壁和温度计上的任何液体（必要时进行校正）。

3．沸程

初沸点与干点之间的温度间隔。

4．终点、终馏点

在标准条件下蒸馏，蒸馏进行到最后阶段观察到的最高温度（必要时进行校正）。

二、测定原理

在规定条件下，对 100 mL 试样进行蒸馏。有规律地观察温度计读数和冷凝液体积，从温度计上读取初馏点和干点，观测数据经计算得到被测试样的沸程，结果校正到标准状况下。

三、仪器

馏（沸）程测定装置如图 8-5 所示。支管蒸馏瓶以硅硼酸盐玻璃制成，有效容积 100 mL（对于苯类产品，规定支管蒸馏瓶和接收器的容积为 150 mL）。将其垂直安装在热源上方的隔热板上。测量温度计为水银单球内标示，分度值为 0.1℃，量程适合于所测样品的沸程温度范围。辅助温度计的分度值为 1℃，测定时将辅助温度计用小橡胶圈套在测量温度计的露茎部分上。冷凝管为直型水冷凝管，由硅硼酸盐玻璃制成。接收器容积为 100 mL，两端分度值为 0.5 mL。

四、测定步骤

（1）按图 8-5 安装馏程测定装置。测量温度计水银球的上端应与蒸馏瓶和支管接合部的下缘保持水平。记录室温及大气压力。

（2）用干燥的接收器量取（100±1）mL 试样，全部转移到干燥的蒸馏瓶中，加入几粒清洁、干燥的沸石，装好温度计。将接收器（不必经过干燥）置于冷凝管下端，使冷凝管口进入接收器部分不少于 25 mm，也不低于 100 mL 刻度线。接收器口塞以棉塞，并确保向冷凝管稳定地提供冷却水。

（3）调节蒸馏速度。对于沸程温度低于 100℃的试样，应使自加热起至第一滴冷凝管滴入接收器的时间为 5～10 min；对于沸程温度高于 100℃的试样，上述时间应控制在 10～15 min，然后将蒸馏速度控制在 3～4 mL/min。

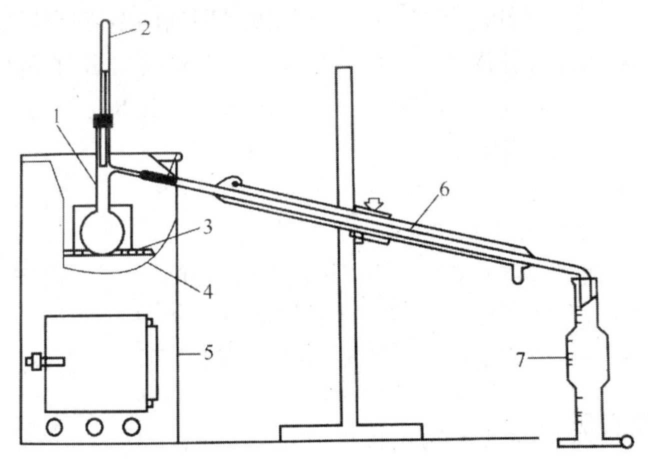

1—蒸馏瓶；2—温度计；3—隔热板；4—隔热板架；5—蒸馏瓶外罩；
6—冷凝管；7—接收器

图 8-5 馏程测定装置

（4）按被测产品标准的规定，记录规定馏出物体积对应的沸程温度，或规定沸程温度范围内的馏出物体积。或测定初馏点和干点的温度值。

（5）注意：沸程下限在 80℃以下的样品，量取及测量馏出物体积时均在 5～10℃下进行，接收器距顶端 25 mm 处以下应浸入 5～10℃的水浴中；沸程下限在 80℃以上的样品在常温下进行；若样品的沸程温度上限高于 150℃，则应采用空气冷凝，在常温下量取样品及测量馏出物的体积。

五、测定值的校正

实验观察到的沸程温度，按下列公式加以校正。

$$t = t_1+\Delta t_2+\Delta t_3+\Delta t_p$$

$$\Delta t_3 = 0.000\,16\,h\,(t_1-t_4)$$

$$\Delta tp = K\,(1\,013.25-p_0)$$

$$p_0 = p_t-\Delta p_1+\Delta p_2$$

式中，t —— 校正后的准确温度值，℃；

t_1 —— 温度观测值（即测量温度计的读数），℃；

Δt_2 —— 测量温度计本身的示值校正值，℃；

Δt_3 —— 测量温度计露茎校正值，℃；

Δt_p —— 温度随气压变化校正值，℃；

t_4—— 测量温度计露茎部分的平均温度（即辅助温度计读数），℃；

h—— 测量温度计露茎部分的汞柱高度（以温度计的刻度值表示）；

K—— 沸程温度随气压的变化率，℃/hPa，由表 8-6 查出（环己酮沸点随大气压力的变化率由表 8-9 查出）；

p_0—— 0℃时的气压，hPa；

p_t—— 室温时的气压，hPa；

Δp_1—— 室温换算到 0℃时的气压校正值，hPa，由表 8-6 查出；

Δp_2—— 气压的纬度校正值，hPa，由表 8-7 查出；

0.000 16 —— 水银对玻璃的膨胀系数。

六、应用实例

沸程测定适用于蒸馏过程中保持化学稳定的醇、酮、酯及苯类等挥发性有机液态产品。现以二甲苯沸程测定数据为例，说明校正沸程温度的方法和过程。

1．由观测温度校正到标准沸程温度

设：观测到二甲苯样品的沸程温度为 135.5～138.5℃；实验室纬度 30°，室温 24.5℃，气压 999.92 hPa，测量温度计本身的校正值为 0，测量温度计露出塞外处的刻度为 109.0℃，辅助温度计读数为 35.0℃。

求：该二甲苯样品在 0℃、1 013.25 hPa 时的沸程。

解：（1）测量温度计露茎部分的校正。

135.5℃：$\Delta t_3 = 0.000\,16 \times (135.5-109.0) \times (135.5-35.0) = 0.43$℃

138.5℃：$\Delta t_3 = 0.000\,16 \times (138.5-109.0) \times (138.5-35.0) = 0.49$℃

（2）气压对沸程温度的校正。

由表 8-6 查出：$\Delta p_1 = 4.06$ hPa

表 8-6　气压计读数的温度校正值

室温/℃	气压计读数/hPa							
	925	950	975	1 000	1 025	1 050	1 075	1 100
10	1.51	1.55	1.59	1.63	1.67	1.71	1.75	1.79
11	1.66	1.70	1.75	1.79	1.84	1.88	1.93	1.97
12	1.81	1.86	1.90	1.95	2.00	2.05	2.10	2.15
13	1.96	2.01	2.06	2.12	2.17	2.22	2.28	2.33
14	2.11	2.16	2.22	2.28	2.34	2.39	2.45	2.51
15	2.26	2.32	2.38	2.44	2.50	2.56	2.63	2.69
16	2.41	2.47	2.54	2.60	2.67	2.73	2.80	2.87

室温/℃	气压计读数/hPa							
	925	950	975	1 000	1 025	1 050	1 075	1 100
17	2.56	2.63	2.70	2.77	2.83	2.90	2.97	3.04
18	2.71	2.78	2.85	2.93	3.00	3.07	3.15	3.22
19	2.86	2.93	3.01	3.09	3.17	3.25	3.32	3.40
20	3.01	3.09	3.17	3.25	3.33	3.42	3.50	3.58
21	3.16	3.24	3.33	3.41	3.50	3.59	3.67	3.76
22	3.31	3.40	3.49	3.58	3.67	3.76	3.85	3.94
23	3.46	3.55	3.65	3.74	3.83	3.93	4.02	4.12
24	3.61	3.71	3.81	3.90	4.00	4.10	4.20	4.29
25	3.76	3.86	3.96	4.06	4.17	4.27	4.37	4.47
26	3.91	4.01	4.12	4.23	4.33	4.44	4.55	4.66
27	4.06	4.17	4.28	4.39	4.50	4.61	4.72	4.83

由表 8-7 查出：$\Delta p_2 = -1.37$ hPa

表 8-7 气压计读数的纬度校正值

纬度	气压计读数/hPa							
	925	950	975	1 000	1 025	1 050	1 075	1 100
0	−2.18	−2.55	−2.62	−2.69	−2.76	−2.83	−2.90	−2.97
5	−2.14	−2.51	−2.57	−2.64	−2.71	−2.77	−2.81	−2.91
10	−2.35	−2.41	−2.47	−2.53	−2.59	−2.65	−2.71	−2.77
15	−2.16	−2.22	−2.28	−2.34	−2.39	−2.45	−2.54	−2.57
20	−1.92	−1.97	−2.02	−2.07	−2.12	−2.17	−2.23	−2.28
25	−1.61	−1.66	−1.70	−1.75	−1.79	−1.84	−1.89	−1.94
30	−1.27	−1.30	−1.33	−1.37	−1.40	−1.44	−1.48	−1.52
35	−0.89	−0.91	−0.93	−0.95	−0.97	−0.99	−1.02	−1.05
40	−0.48	−0.49	−0.50	−0.51	−0.52	−0.53	−0.54	−0.55
45	−0.05	−0.05	−0.05	−0.05	−0.05	−0.05	−0.05	−0.05
50	+0.37	+0.39	+0.40	+0.41	+0.43	+0.44	+0.45	+0.46
55	+0.79	+0.81	+0.83	+0.86	+0.88	+0.91	+0.93	+0.95
60	+1.17	+1.20	+1.24	+1.27	+1.30	+1.33	+1.36	+1.39
65	+1.52	+1.56	+1.60	+1.65	+1.69	+1.73	+1.77	+1.81
70	+1.83	+1.87	+1.92	+1.97	+2.02	+2.07	+2.12	+2.17

由表 8-8 查出：$K = 0.038$

代入计算式

$$p_0 = 999.92 - 4.06 + (-1.37) = 994.49\ (\text{hPa})$$

$$\Delta t_p = 0.038 \times (1\,013.25 - 994.49) = 0.71\ (℃)$$

表 8-8　沸程温度随气压的变化率 K

标准中规定的沸程温度/℃	K/（℃/hPa）	标准中规定的沸程温度/℃	K/（℃/hPa）	标准中规定的沸程温度/℃	K/（℃/hPa）
10～30	0.026	150～170	0.039	290～310	0.052
30～50	0.029	170～190	0.041	310～330	0.053
50～70	0.030	190～210	0.043	330～350	0.055
70～90	0.032	210～230	0.044	350～370	0.057
90～110	0.034	230～250	0.047	370～390	0.059
110～130	0.035	250～270	0.048	390～410	0.061
130～150	0.038	270～290	0.050		

表 8-9　环己酮沸点随大气压力的变化率（K 值）

大气压力/kPa	K/（℃/hPa）	标准中规定的沸程温度/℃	K/（℃/hPa）
89.3～93.3	0.390	97.4～101.3	0.375
93.4～97.3	0.383	101.4～106.6	0.368

（3）校正后样品沸程温度。

$$135.5℃：t = 135.5+0.43+0.71 = 136.6\ (℃)$$

$$138.5℃：t = 138.5+0.49+0.71 = 139.7\ (℃)$$

即该二甲苯样品在 0℃、1 013.25 hPa 状况下的沸程应为 136.6～139.7℃。

2．由已知规定沸程温度求观测值

设：二甲苯样品的规定沸程温度为 137.0～140.0℃，实验条件和记录数同上。

求：该二甲苯样品应观测到的沸程温度（适用于计算馏出物体积的情况）。

解：在沸程温度校正公式中，相当于已知 t 值，求 t_1。

（1）气压对沸程的校正。

查出并代入已知数据，按上述同样的步骤求出：

$$p_0 = 994.49\ \text{hPa}$$

$$\Delta t_p = 0.71℃$$

从而求出观测气压下的沸程温度为

137.0℃：137−0.71 = 136.29（℃）

140.0℃：140−0.71 = 139.29（℃）

（2）测量温度计的露茎校正。

136.29℃：Δt_3 = 0.000 16×（136.29−109.0）×（136.29−35.0）= 0.44（℃）

139.29℃：Δt_3 = 0.000 16×（139.29−109.0）×（139.29−35.0）= 0.51（℃）

（3）应观测到的沸程温度。

137.0℃：t_1 = 137.0−0.44 − 0.71 = 135.9（℃）

140.0℃：t_1 = 140.0−0.44 − 0.71 = 138.8（℃）

即规定沸程温度为 137.0～140.0℃的二甲苯样品，在本实验条件下的观测沸程温度为 135.9～138.8℃。

任务八　工业用环己酮水分的测定

一、测定方法

1．卡尔·费休法

按《化工产品中水分含量的测定–卡尔·费休法（通用方法）》（GB/T 6283—2008）规定的方法进行测定，其中溶剂为吡啶∶乙二醇=5∶1。测定方法详见项目六 工业硬脂酸的分析检验。

2．气相色谱法

表 8-10　环己酮中水分测定的色谱柱及色谱操作条件

柱长	2 m
柱内径	3 mm
固定相	GDX
柱箱温度	150℃
汽化室温度	200℃
桥电流	120 mA
进样量	3 μL
载气	H_2
载气流速	38 mL/min

按《化工产品中水分含量的测定 —— 气相色谱法》（GB/T 2366—2008）规定

的方法进行测定，其中色谱柱、色谱操作条件见表 8-10，典型色谱图见图 8-6。测定方法详见项目六 工业硬脂酸的分析检验。

二、允许差

取两次平行测定结果的算术平均值为测定结果。两次平行测定结果之差不得大于 0.005%。

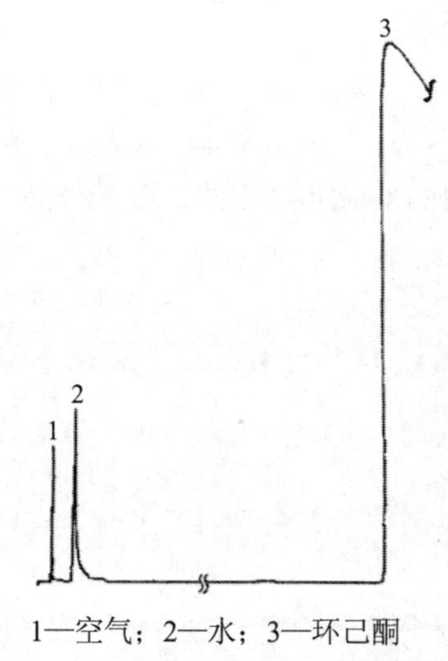

1—空气；2—水；3—环己酮

图 8-6 环己酮中水分测定的典型色谱图

知识链接

一、工业用环己酮生产原料及应用

环己酮因其生产工艺的不同，生产的原料也不同，主要是苯、环己醇、苯酚等。

环己酮是重要的化工原料，是制造尼龙、己内酰胺和己二酸的主要中间体。也是重要的工业溶剂，可溶解油漆，特别是用于那些含有硝化纤维、氯乙烯聚合物及其共聚物或甲基丙烯酸酯聚合物的油漆等。还是有机磷杀虫剂及许多类似物农药的优良溶剂。可用作染料的溶剂，活塞型航空润滑油的黏滞溶剂，脂、蜡及橡胶的溶剂。也用作染色和褪光丝的均化剂，擦亮金属的脱脂剂，木材着色涂漆，另外可用环己酮脱膜、脱污、脱斑。

环己酮与氰乙酸缩合得环亚己基氰乙酸，再经消除、脱羧得环己烯乙腈，最后经加氢得到环己烯乙胺，环己烯乙胺是药物咳美切、特马伦等的中间体。

环己酮还可以用作指甲油等化妆品的高沸点溶剂。通常与低沸点溶剂和中沸点溶剂配制成混合溶剂，以获得适宜的挥发速度和黏度。

二、工业用环己酮生产工艺

1．苯酚加氢法

用苯酚为原料，催化加氢成环己醇，再脱氢得到环己酮。

$$C_6H_5OH + 2H_2\uparrow \longrightarrow C_6H_{10}O$$

反应所用催化剂可以是载于活性炭、硅藻土、氧化铝或硅胶上的钯、铂、镍，钴等的氧化物或混合氧化物。反应可在液相中进行也可在气相中进行。在液相进行时，反应温度 150～170℃，压力 0.2～0.4 MPa。反应在 5 个串联的反应器中进行，原料苯酚纯度须在 99.8%以上，环己酮得率可达 97%。

2．苯加氢氧化法

苯与氢气在镍催化剂存在下，在 120～180℃下进行加氢反应生成环己烷，环己烷与空气在 150～160℃，0.908 MPa 下进行氧化反应生成环己醇和环己酮的混合物，经分离得环己酮产品。环己醇在 350～400℃，有锌钙催化剂存在下进行脱氢反应生成环己酮。

$$C_6H_6 \xrightarrow[\text{催化剂}]{H_2} C_6H_{12} \xrightarrow{\text{空气}} C_6H_{11}OH + C_6H_{10}O$$

3．环己醇脱氢法

环己醇在氧化锌或氧化锌、氧化钙混合催化剂存在下，发生脱氢反应，生成环己酮。

$$C_6H_{11}OH \longrightarrow C_6H_{10}O + H_2\uparrow$$

如环己醇系由环己烷氧化所得，则氧化产物为环己醇和环己酮的混合物，可不经分离直接脱氢。反应温度 360～420℃，压力 0.1 MPa。环己醇单纯转化率约 80%，环己酮选择性约 98%。

三、工业用环己酮工艺流程

1．苯酚加氢法

该法由于苯酚产量小、价格高，用作原料受到一定制约。随着现代石油化工的发展，可以通过从石油中直接提取和重整等手段生产出大量苯和甲苯，再加上环己烷氧化技术得到迅速发展，以苯酚来生产环己酮的工艺路线已不占主要位置。其工艺流程见图 8-7。

苯酚经预热后依次进入 5 个串联的反应器反应。反应所需氢气分别在各个反应器的底部加入。从第 5 个反应器中出来的反应液经除去催化剂后进入脱轻组分塔。从塔顶蒸出轻组分。塔底产物进环己酮蒸出塔，在塔顶得到环己酮产品。该塔塔底产物再依次进入环己醇回收塔和苯酚回收塔，分别在塔顶得到环己醇和苯酚。

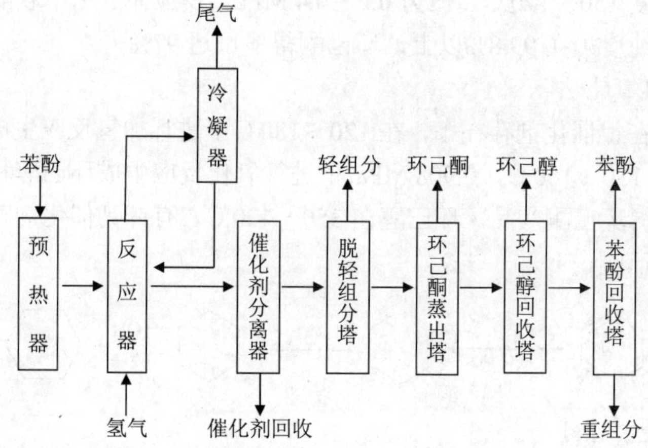

图 8-7 苯酚加氢法生产工业用环己酮的工艺流程

2．苯加氢氧化法

苯加氢一般采用成熟的气固相催化加氢工艺，苯和氢气在 120℃及 1.4 MPa 压力下通过装有镍催化剂的列管式反应器，反应生成的环己烷经冷凝后分离，送至氧化反应器，环己烷氧化采用无催化氧化，在此配入适当的钴催化剂于 158℃及 1 MPa 压力下，与含氧 5%的空气接触，有 3%～5%的环己烷被氧化成环己醇和环己酮。产物中含有的少量酸和酯类，用氢氧化钠皂化。使用过的废碱经焚烧后回收硫酸钠。含有醇、酮的环己烷经三塔将未反应的环己烷蒸发再去氧化，得到环己酮、环己醇混合物，再经精馏塔进行醇、酮分离，分离出来的环己醇经脱氢得环己酮。其工艺流程见图 8-8。

这一工艺方法已日益成熟，目前国外拥有苯加氢氧化法生产环己酮技术的工程公司及专利商有荷兰斯塔米卡本（DSM）、德国（BASF）、日本宇部（UBE）及波兰（POLIMEX），国内经过 40 多年的改进和发展也形成了自己的技术。

3．环己醇脱氢法

环己醇经预热后进入脱氢反应器反应。反应器一般为列管式反应器，用烟道

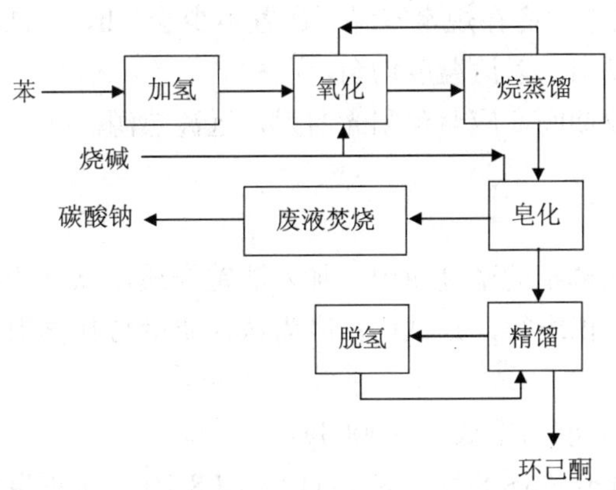

图 8-8 苯加氢氧化法生产工业用环己酮的工艺流程

气或熔盐为热载体供热。反应器中出来的反应产物在冷凝器中冷凝、冷却，再经气液分离，除去氢气后进脱轻组分塔。从塔顶除去轻组分，塔底产物进醇、酮分离塔。在醇、酮分离塔塔顶得到精环己酮。其工艺流程见图 8-9。

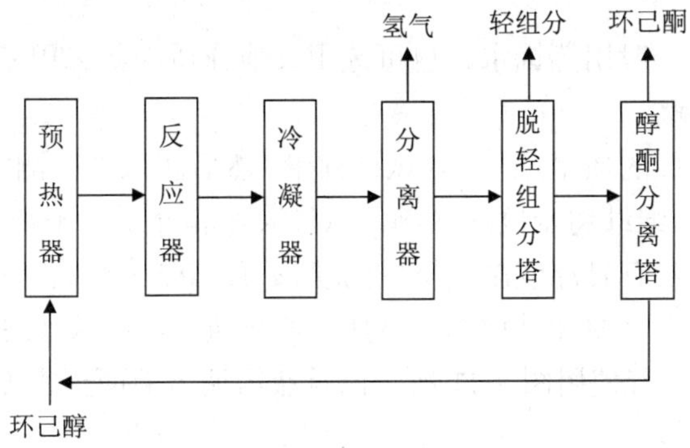

图 8-9 环己醇脱氢法生产工业用环己酮的工艺流程

四、固体化工产品密度测定方法（GB/T 4472—2011）

1．对试样的要求

（1）粉、粒状试样取 2～5 g；板、棒管状试样取 1～30 g。

（2）成型试样应清洁，无裂缝、气泡等缺陷。

（3）试样需要进行干燥处理时，处理条件要严格按产品标准规定进行。

（4）试样在试验前，应在规定室温下放置不少于 2 h，当试样温度与室温相差大时，应延长放置时间，以达温度均衡。

（5）试样在存放期间，应避免阳光照射，远离热源。

2．密度瓶法

（1）测定原理。

把试样放进已知体积的密度瓶中，加入测定介质，试样的体积可由密度瓶体积减去测定介质的体积求得，则试样密度为试样质量与其体积之比。

（2）仪器。

① 分析天平：分度值不低于 0.000 1g。

② 密度瓶：25cm^3（图 8-10、图 8-11），图 8-10 所示密度瓶在测定温度高于天平室温度时使用。

③ 恒温水浴：温度控制在（23±0.5）℃。

④ 温度计：分度值为 0.5℃。

（3）试验条件。

① 测定介质应纯净并且不能使试样溶解、溶胀及起反应，但试样表面必须为介质所湿润；

② 测定介质一般用蒸馏水，也可选用其他介质（如二甲苯、煤油等）。

（4）测定步骤。

① 称空密度瓶的质量，再加入试样称量，然后注入部分测定介质，轻微振荡，试样充分湿润后，继续将密度瓶注满，试样表面和介质中不得有气泡，当以蒸馏水为测定介质时，若有悬浮或湿润不好的现象可加 0.5～1 滴湿润剂（如磺化油等）。

② 将装满测定介质和试样的密度瓶，盖严瓶盖，放入（23±0.5）℃水浴中，恒温 30 min 以上（若使用图 8-11 所示比重瓶需调节液面至密度瓶刻度线处），取出擦干，立即称量。

③ 将密度瓶清洗、干燥，充满测定介质，放入恒温水浴后重复上述操作。

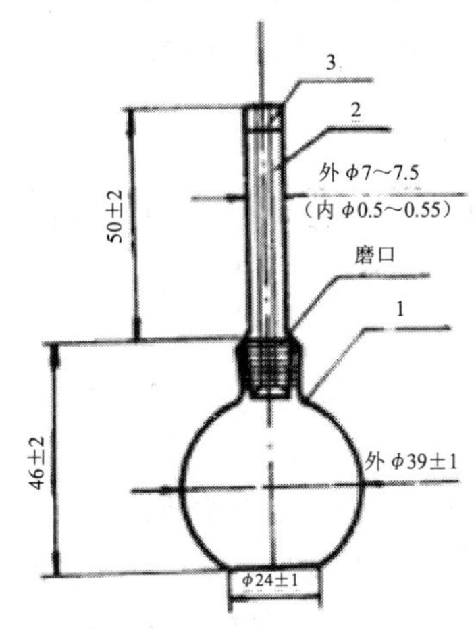

1—主体；2—盖；3—毛细管

图 8-10 密度瓶

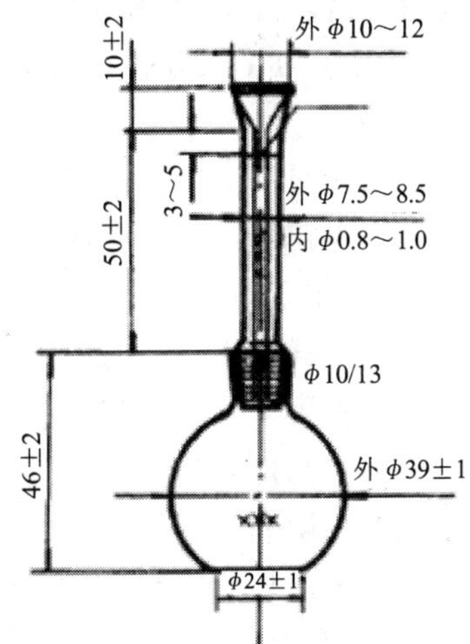

图 8-11 密度瓶

（5）分析结果的表述。

① 密度瓶的体积 V（cm^3）按下式计算：

$$V=\frac{m_1-m}{\rho_0}$$

式中，m —— 空密度瓶的质量，g；

m_1 —— 充满测定介质的密度瓶的质量，g；

ρ_0 —— 测定温度下测定介质的密度，g/cm^3。

② 密度瓶里测定介质的体积 V_1（cm^3）按下式计算：

$$V_1=\frac{m_2-m_3}{\rho_0}$$

式中，m_2 —— 放入适量试样并充满测定介质的密度瓶质量，g；

m_3 —— 放入适量试样的密度瓶质量，g。

③ 试样的密度ρ（g/cm^3）按下式计算：

$$\rho=\frac{m_3-m}{V-V_1}$$

3．静水力学称量法

（1）测定原理。

根据阿基米德原理，用天平分别称量固体试样在空气中和在测定介质中的质量，当试样浸没于测定介质中时，其质量小于在空气中的质量，减少值为试样排开同体积测定介质的质量，试样的体积等于排开测定介质的体积。

（2）仪器。

① 分析天平：分度值不低于 0.000 1g。

② 天平盘跨架：尺寸应适合于放置在天平盘和吊篮的空当中（图 8-12）。

（3）测定步骤。

① 称量试样在空气中的质量。

② 把跨架置于天平盘和吊篮的空当中，彼此不能有任何部分接触。

③ 把盛有测定介质的烧杯置于跨架上。

④ 将所使用的毛发丝挂在天平钩上，称其在测定介质中的质量。

⑤ 将已知质量的试样，先用测定介质完全湿润其表面，然后用毛发丝将试样套好，放入温度为（23±0.5）℃的测定介质中，不得有气泡，试样的任何部位不得与烧杯接触，待试样与测定介质温度一致时，称其在测定介质中的质量。

⑥ 当固体的密度小于 1 g/cm^3 时，则在毛发丝上另挂一个坠子，把试样坠入测定介质中进行称量，但应测定坠子及毛发丝在测定介质中的质量。

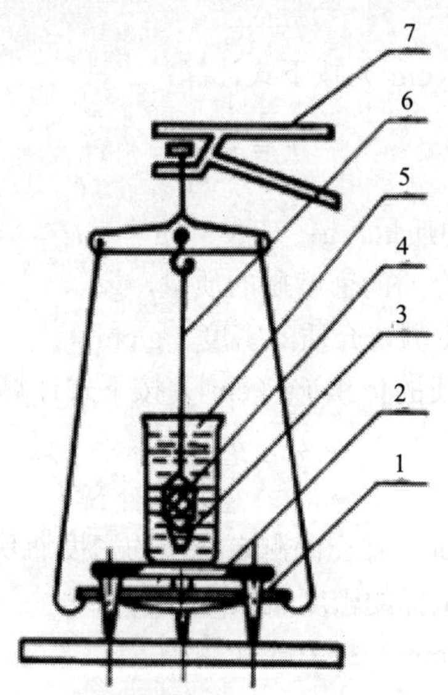

1—天平盘；2—跨架；3—坠子；4—试样；5—烧杯；6—吊丝；7—天平梁臂

图 8-12　固体密度测定装置

（4）分析结果的表述。

① 试样在试验温度下的密度ρ（g/cm^3）按下式计算：

$$\rho = \frac{m_1 \rho_0}{m_1 - m_2}$$

式中，m_1—— 试样在空气中的质量，g；

m_2—— 试样在测定介质中的质量，g；

ρ_0—— 测定介质在试验温度下的密度，g/cm^3。

② 当使用坠子时按下式计算：

$$\rho = \frac{m_1 \rho_0}{m_1 + m_3 - m_4}$$

式中，m_1—— 试样在空气中的质量，g；

m_3—— 坠子在测定介质中的质量，g；

m_4—— 试样和坠子在测定介质中的质量，g；

ρ_0—— 测定介质在试验温度下的密度，g/cm^3，当用蒸馏水为测定介质时，可以实测水的温度，然后查得该温度下的实际密度代入公式计算。

五、气体化工产品密度、相对密度测定方法（GB/T 4472—2011）

1．密度瓶法

（1）测定原理。

用蒸馏水校正过体积的密度瓶，分别测定充满试样和充满干燥空气的密度瓶质量，以求出试样的密度。

（2）仪器。

① 气体密度瓶：容量 250 cm^3 以上并保证不漏气（图 8-13）。

② 干燥管：容量大小根据需要选择，内装的干燥剂由气体特性决定。

③ 分析天平：负荷 200g，分度值 0.000 1g；负荷 500g，分度值 0.000 1g（校正密度瓶体积用）。

④ 气压计：分度值为 50Pa。

⑤ 温度计：分度值为 0.1℃。

（3）密度瓶体积的校正。

① 密度瓶的体积应该一年校正一次。

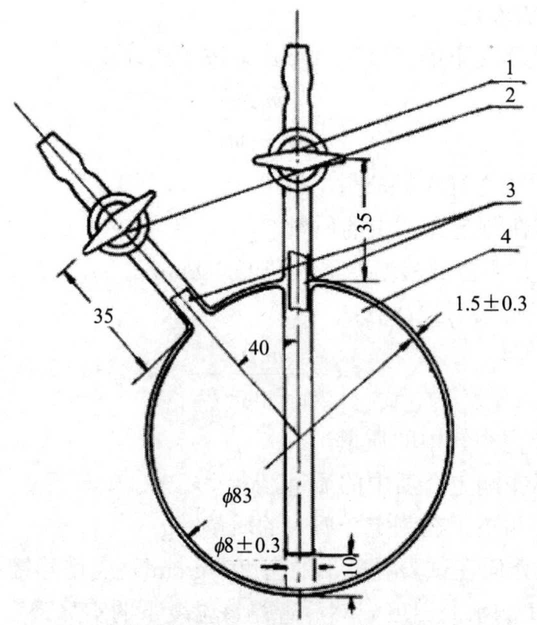

1，2—真空活塞；3—毛细管；4—主体

图 8-13 气体密度瓶

② 校正方法：将缓慢通过干燥管的洁净空气充入密度瓶，测定它在室温和大气压下的质量 m_1。再充满新煮沸并冷却至室温的蒸馏水，然后擦干并用滤纸除净 1、2 两个活塞口上的水，测定其质量 m_2。记录大气压 P_1（kPa）（大气压应准确测量至 50 Pa）和室温 t_1（℃）（天平室温度应准确测量至 0.1℃）。

（4）测定步骤。

① 测比空气轻的气体（气体取样装置见图 8-14）。将干燥的、已校正的密度瓶（简称测定瓶）与另一类似的取样用密度瓶（简称充气瓶）相连，使前者的侧管与后者的直管连接，在充气瓶的侧管上接一个干燥管。在保证止压的情况下，通过干燥管徐徐通入试样，充分置换，待两个密度瓶都充满试样后，立即关闭测定瓶的活塞 1 和充气瓶的活塞 2。当两个密度瓶达到天平室温度时，迅速打开充气瓶的活塞 2，待瓶内气压与大气压平衡时，立即关闭测定瓶的活塞 2，拆下充气瓶，称量测定瓶（m_3）。

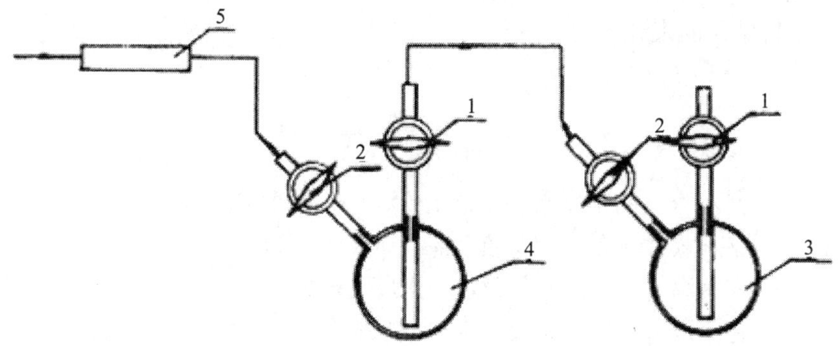

1，2—真空活塞；3—测定瓶；4—充气瓶；5—干燥管

图 8-14 气体密度瓶法密度测定取样装置（测比空气轻的气体）

② 测比空气重的气体（气体取样装置见图 8-15）。将干燥管与充气瓶的直管连接，测定瓶的直管与充气瓶的侧管连接。经干燥管通入试样进行充分置换，待两个密度瓶都充满试样后，立即关闭测定瓶的活塞 2 和充气瓶的活塞 1。当两个密度瓶达到天平室室温时，迅速打开充气瓶的活塞 1，使瓶内气压与大气压平衡，立即关闭测定瓶的活塞 1，拆下充气瓶，称量测定瓶（m_3）。

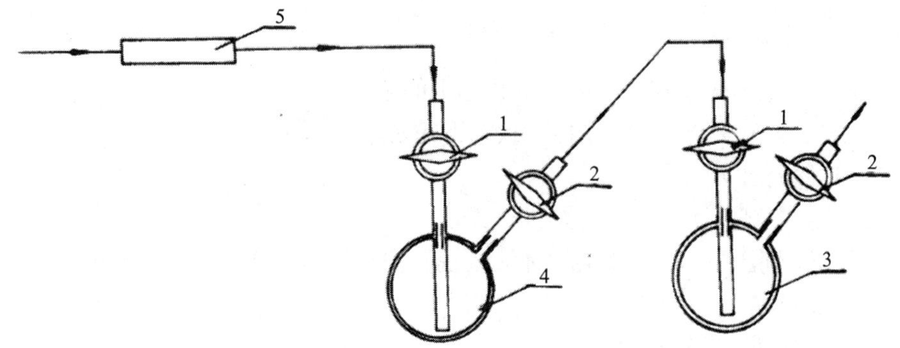

1，2—真空活塞；3—测定瓶；4—充气瓶；5—干燥管

图 8-15 气体密度瓶法密度测定取样装置（测比空气重的气体）

③ 用干燥、洁净的空气充分置换测定瓶中的气体，待测定瓶达到室温和大气压后，称量测定瓶（m_4）。

④ 记录大气压 P_2（kPa）和室温 t_2（℃）。

（5）分析结果的表述。

① 密度瓶体积 V（dm^3）按下式计算：

$$V=\frac{m_2-m_1}{1000(\rho_0-\rho_\alpha)}$$

式中，m_1 —— 充满空气的密度瓶在室温 t_1（℃）和大气压 P_1（kPa）下的质量，g；

m_2 —— 装满蒸馏水的密度瓶在室温 t_1（℃）下的质量，g；

ρ_0 —— 在室温 t_1（℃）下蒸馏水的密度，g/dm^3；

ρ_α —— 在室温 t_1（℃）和大气压 P_1（kPa）下的空气密度，g/dm^3。

② 测定试样在标准状态（0℃，101.325 kPa）下的密度ρ（g/cm^3）按下式计算：

$$\rho=\frac{m_3-(m_4-A)}{Vk}=\frac{m_3-m_4}{Vk}+1.2928$$

$$A=Vk\times 1.2928$$

式中，m_3 —— 充满试样的密度瓶在室温 t_2（℃）和大气压 P_2（101.325 kPa）下的质量，g；

m_4 —— 充满空气的密度瓶在室温 t_2（℃）和大气压 P_2（101.325 kPa）下的质量，g；

A —— 密度瓶内的空气在室温 t_2（℃）和大气压 P_2（101.325 kPa）下的质量，g；

V —— 密度瓶的体积，cm^3；

k —— 把气体体积换算成标准状态下的系数；

1.292 8 —— 干燥空气在标准状态下的密度，g/cm^3。

2．气体流出法

（1）测定原理。

在同温、同压下，等体积的气体流过锐孔的时间和气体密度的平方根成正比。

（2）仪器。

① 气体扩散计（图 8-16）。

② 温度计：0～50℃，分度值为 0.1℃。

③ 秒表：分度值为 0.1s。

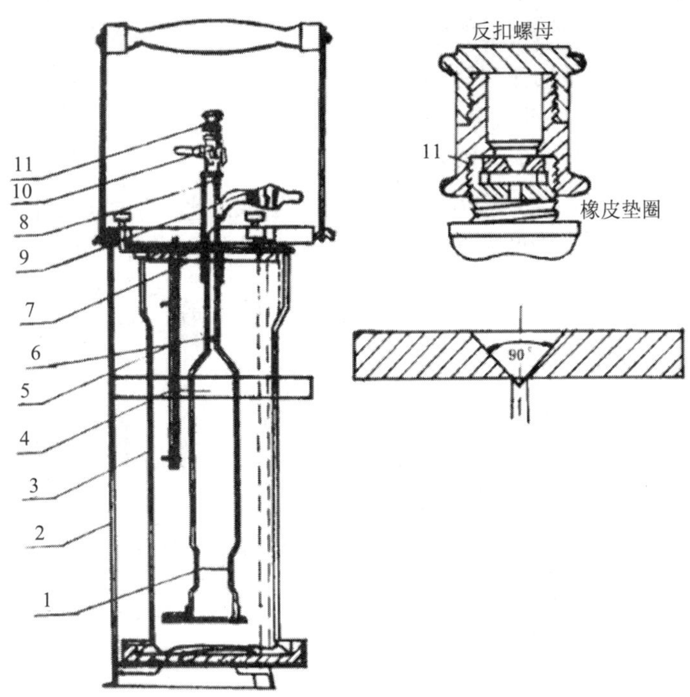

1—下部刻度线；2—支柱；3—外部圆形容器；4—内部玻璃圆管；5—温度计；
6—上部刻度线；7—带衬套的盖子；8—叉式金属管；9，10—阀门；11—喷嘴

图 8-16 气体扩散计

（3）测定步骤。

① 把蒸馏水充入外部圆筒 3，打开阀门 9，水进入玻璃内管 4，待水温稳定后，从阀门 9 处压入空气至下部刻度线 1，停留数分钟，打开阀门 10，气体由“喷嘴”流出，水面上升，记录水面从刻度线 1 上升至刻度线 6 所需的时间，准确到 0.1 s，重复 2 或 3 次。

② 将空气排尽，并用试样充分置换后，在相同条件下，重复上述操作，测定试样流出时间。

（4）分析结果的表述。

① 一般情况下，气体相对密度 d 按下式计算：

$$d=\frac{\tau^2}{\tau_1^2}+\frac{0.627\times P}{P+P_2-P_1}\times(\frac{\tau^2}{\tau_1^2}-1)$$

$$P=\frac{h}{2\times 13.546}$$

式中，τ —— 试样平均流出时间，s；

τ_1 —— 空气平均流出时间，s；

P —— 测定时外部大气压，kPa；

P_1 —— 测定温度下的饱和水蒸气压，kPa；

P_2 —— 两刻度线（1、6）之间水位差造成的平均压力，kPa。

② 若空气和试样被水蒸气饱和，则干燥气体的相对密度 d 按下式计算：

$$d=\frac{\tau^2}{\tau_1^2}+\frac{0.627P_1}{P+P_2-P_1}\times(\frac{\tau^2}{\tau_1^2}-1)$$

$$P_2=\frac{h}{2\times13.546}$$

式中，P —— 测定时外部大气压，mm；

P_1 —— 测定温度下的饱和水蒸气压，mmHg；

P_2 —— 两刻度线（1、6）之间水位差造成的平均压力，mmHg；

h —— 水位差高度，mm；

13.546 —— 水银的相对密度。

③ 被测气体密度ρ（g/dm^3）按下式计算：

$$\rho=d\times1.292\,8$$

式中，1.292 8 —— 干燥空气在标准状态下的密度，g/dm^3。

项目九　工业用甲醛溶液的分析检验

项目内容

甲醛（formaldehyde），分子式 HCHO，也称蚁醛，是最简单的醛类，通常情况下是一种可燃、无色及有刺激性的气体。能与水、乙醇、丙酮等有机溶剂按任意比例混溶。甲醛在常温下是气态，通常以水溶液形式出现。液体在较冷时，放置时间过长容易浑浊，在低温时会形成三聚甲醛沉淀。蒸发时有一部分甲醛逸出，但多数会变成三聚甲醛。该品为强还原剂，在微量碱性时还原性更强。在空气中能缓慢氧化成甲酸。其蒸气能强烈刺激黏膜、具有致癌性、属于高毒物。35%～40%的甲醛水溶液叫作福尔马林。甲醛分子中有醛基，可以发生缩聚反应，得到酚醛树脂（电木）。

工业用甲醛溶液现行的标准是国家标准 GB/T 9009—2011。该标准指出工业用甲醛溶液按照含量分为三种规格：37%级、44%级和 50%级。并指出产品外观是透明液体，无悬浮物，低温时允许有白色浑浊。同时规定了工业用甲醛溶液的技术要求，见表 9-1。

表 9-1　工业用甲醛溶液的技术要求

项目	指标					
	50%级		44%级		37%级	
	优等品	合格品	优等品	合格品	优等品	合格品
密度 ρ_{20}/（g/cm^3）	1.147～1.152		1.125～1.135		1.075～1.114	
甲醛 w/%	49.7～50.5	49.0～50.5	43.5～44.4	42.5～44.4	37.0～37.4	36.5～37.4
酸（以 HCOOH 计）w/%（≤）	0.05	0.07	0.02	0.05	0.02	0.05
色度，（铂–钴号）/Hazen（≤）	10	15	10	15	10	—
铁 w/%（≤）	0.000 1	0.001 0	0.000 1	0.001 0	0.000 1	0.000 5
甲醇 w/%（≤）	1.5	供需双方协商	2.0	供需双方协商	供需双方协商	

由甲醇氧化法制得的工业用甲醛溶液按照国家标准 GB/T 9009—2011《工业用甲醛溶液》中的规定进行测定。该标准规定了工业用甲醛溶液的试验方法，包括密度、甲醛含量、酸含量、色度、铁含量、甲醇含量等的测定方法。

工作任务

任务一　工业用甲醛溶液分析准备工作

一、样品的采集和制备

1．工业用甲醛溶液样品的采集

（1）确定批量。

在原材料、工艺不变的条件下，产品连续生产的实际批为一组批；但若干个生产批构成一个检验批的时间通常不超过 1 天。

（2）样品数。

工业用甲醛溶液用桶或瓶装时，总的包装桶数小于 500 的，取样桶数按表 1-4 的规定选取；大于 500 时，按 $3\times\sqrt[3]{N}$（N 为总的包装数）的规定选取。用槽车装时，从每辆槽车中选取。

（3）样品量。

取样量不少于 2 000 mL。

（4）采样方法。

工业用甲醛溶液用桶或瓶装时，采样可用玻璃制采样管、铝制采样管或加重型采样器从容器的上、中、下部采取均匀试样，然后混合为平均试样。

2．样品的保存

将所采的样品收集于两个清洁干燥带磨口塞的广口瓶中，密封瓶上粘贴标签，并注明生产厂名、产品名称、批号、采样日期和采样者姓名。并填写采样记录。一瓶用于检验，另一瓶保存半个月备查。

二、工业用甲醛溶液的检验规则

（1）检验分为出厂检验和型式检验。出厂检验项目为密度、甲醛、酸、色度和甲醇，应逐批进行检验。

（2）型式检验项目为外观和表 9-1 中的所有项目，在正常生产情况下每半月至少进行一次型式检验。当遇到下列情况之一时，应进行型式检验：

① 更新关键生产工艺。

② 主要原料有变化。

③ 停产后重新恢复生产。

④ 出厂检验结果与上次型式检验结果有较大差异。

⑤ 合同规定。

（3）产品由生产厂的质量检验部门进行检验，生产厂应保证所有出厂产品都符合要求，并附有一定格式的质量检验证明书，其内容包括生产厂名称、地址、产品名称、批号、产品等级、标准编号等。

（4）检验结果有一项指标不符合要求时，应重新自两倍数量的包装单元采样、检验，重新检验的结果即使只有一项指标不符合要求，则整批产品判为不合格。

（5）进行到货验收时，由于工业用甲醛溶液在低温时极易聚合，因此在产品到货后，须立即采样，并按照要求的检验规则和试验方法进行验收。

三、工业用甲醛溶液的标志、包装、运输、贮存及安全

1．标志、包装、运输、贮存

（1）包装容器上应涂刷牢固、耐久、清晰的标志，其内容包括：产品名称、生产厂名称、标准编号以及 GB 190—2009 规定的“腐蚀品”和“毒性物质”标志。

（2）工业用甲醛溶液应用干燥清洁、耐腐蚀的容器包装。

（3）运输时遵守危险化学品运输的相关规定；应避免碰撞，防止日晒雨淋。50%级的工业用甲醛需要进行保温（53～60℃）运输。

（4）37%级工业用甲醛溶液贮存温度为 8～40℃；44%级工业用甲醛溶液贮存温度为 45～50℃；50%级工业用甲醛溶液贮存温度为 53～60℃；应采取必要的措施，减少甲醛溶液的聚合及氧化。

2．安全要求

（1）危险警告。

工业用甲醛溶液应避免高温暴晒和与明火接触。工业用甲醛溶液具有强烈刺激性气味。皮肤直接接触甲醛，可引起皮炎、慢性中毒。吸入甲醛气体，会出现呼吸道的严重刺激和水肿、眼刺痛、头痛等症状。

（2）安全措施。

工业用甲醛溶液有毒，应尽量减少暴露与接触，使用时要特别小心，防止接触眼睛、皮肤或吸入过量的甲醛气体。如果溅到皮肤和眼睛里，用大量的清水冲

洗，迅速就医。

四、定性检验

1．试剂

变色酸；1,8-二羟萘-3,6-二磺酸；硫酸溶液（1+2）。

2．检验

（1）外观应为无色透明液体：在具塞比色管中，加入实验室样品，在日光或日光灯下目测。

（2）取试液一滴，置一试管中。与 2 mL 硫酸溶液（1+2）混合。加入固体变色酸少许，试管放入水浴内，在 60℃下加热 10 min，则出现亮紫色（证明有甲醛）。

任务二 工业用甲醛溶液中甲醛含量的测定

一、亚硫酸钠法

1．测定原理

试样中的甲醛与过量的中性亚硫酸钠溶液反应，生成氢氧化钠，以百里香酚酞作指示剂，用硫酸标准滴定溶液滴定。

$$HCHO + Na_2SO_3 + H_2O = H_2C(OH)SO_3Na + NaOH$$

$$2NaOH + H_2SO_4 = Na_2SO_4 + 2H_2O$$

2．仪器、试剂

（1）试剂。

① 亚硫酸钠溶液：126 g/L。

称取 126 g 无水亚硫酸钠，用水溶解后稀释至 1 L，摇匀备用，该溶液的有效期为一周。

② 硫酸标准滴定溶液：c（1/2 H_2SO_4）= 0.5 mol/L。

③ 百里香酚酞指示液：1 g/L。

（2）仪器。

实验室常规仪器。

3．测定步骤

于 250 mL 锥形瓶中加入 50 mL 亚硫酸钠溶液及 3 滴百里香酚酞指示液，用硫酸标准滴定溶液中和至蓝色刚刚消失。用减量法称取 1 g 实验室样品，精确至 0.000 1 g，放入上述锥形瓶中，摇匀，用硫酸标准滴定溶液滴定，蓝色刚刚消失即为终点。

4．分析结果的表述

（1）甲醛的质量分数 w_1，按下式计算：

$$w_1=\frac{(V_1/1\,000)c_1M}{m_1}\times100$$

式中，V_1—— 硫酸标准滴定溶液的体积，mL；

c_1—— 硫酸标准滴定溶液的浓度，mol/L；

m_1—— 试料的质量，g；

M—— 甲醛的摩尔质量（$M=30.03$ g/moL）。

（2）允许差。取两次平行测定结果的算术平均值为报告结果。两次平行测定结果的绝对差值不得大于 0.1%。

二、电位滴定法

1．测定原理

试样中的甲醛与过量的中性亚硫酸钠溶液反应，生成氢氧化钠，用硫酸标准滴定溶液滴定。利用电位滴定仪测定滴定过程中的 pH 变化和判定滴定终点。计算甲醛含量。

$$HCHO+Na_2SO_3+H_2O=H_2C(OH)SO_3Na+NaOH$$
$$2NaOH+H_2SO_4=Na_2SO_4+2H_2O$$

2．仪器、试剂

（1）试剂。

① 亚硫酸钠溶液：126 g/L；

称取 126 g 无水亚硫酸钠，用水溶解后稀释至 1 L，摇匀备用，该溶液的有效期为一周。

② 硫酸标准滴定溶液：c（1/2 H_2SO_4）= 0.5 mol/L。

（2）仪器。

① 电位滴定仪：灵敏度 2 mV，范围−500～+500 mV。

② 玻璃电极：pH 在 0～14。

③ 实验室常规仪器。

3．测定步骤

于 150 mL 烧杯中加入 50 mL 亚硫酸钠溶液，连接电位仪。将电位滴定仪的滴定终点设置为 pH=9.3 左右。用 0.5 mol/L 硫酸标准滴定溶液滴定至终点。用减量法称取 1 g 试样，精确至 0.000 1 g，放入烧杯中，用硫酸标准滴定溶液滴定至终点。

4．分析结果的表述

（1）甲醛的质量分数 w，按下式计算：

$$w = \frac{(V/1000)cM}{m} \times 100$$

式中，V—— 硫酸标准滴定溶液的体积，mL；

c—— 硫酸标准滴定溶液的浓度，mol/L；

m—— 试料的质量，g；

M—— 甲醛的摩尔质量（M = 30.03 g/moL）。

（2）允许差。取两次平行测定结果的算术平均值为报告结果。两次平行测定结果的绝对差值不得大于 0.1%。

任务三　工业用甲醛溶液中酸含量的测定

一、测定原理

用氢氧化钠标准滴定溶液滴定试样中的酸，以溴百里香酚蓝为指示剂。

$$RCOOH + NaOH = RCOONa + H_2O$$

二、仪器、试剂

1．试剂

（1）氢氧化钠标准滴定溶液：c（NaOH）= 0.1 mol/L。

（2）溴百里香酚蓝指示液：0.4 g/L。

称取 0.1 g 溴百里香酚蓝，溶于 8.0 mL 浓度为 0.8 g/L 的氢氧化钠溶液中，用水稀释至 250 mL。

2．仪器

（1）微量滴定管：容量 5 mL，分度值 0.02 mL。

（2）实验室常规仪器。

3．测定步骤

移取 50.0 mL 实验室样品于 250 mL 锥形瓶中，加 4 滴溴百里香酚蓝指示液，用氢氧化钠标准滴定溶液滴定，滴定至绿色即为终点。

4．分析结果的表述

（1）酸以甲酸（HCOOH）的质量分数 w_2 计，按下式计算：

$$w_2 = \frac{(V_2/1\,000)c_2M_2}{V\rho_t} \times 100$$

式中，V_2—— 氢氧化钠标准滴定溶液的体积，mL；

c_2—— 氢氧化钠标准滴定溶液的浓度，mol/L；

V—— 试样的体积，mL；

ρ_t—— t℃温度下试样的密度，g/cm^3；

M_2—— 甲酸的摩尔质量（M = 46.02 g/moL）。

（2）允许差。取两次平行测定结果的算术平均值为报告结果。两次平行测定结果的绝对差值不得大于 0.005%。

任务四 工业用甲醛溶液中铁含量的测定

一、测定原理

用抗坏血酸将试液中的三价铁还原成二价铁，在 pH=2～9 时，二价铁离子可与邻菲啰啉生成橙红色络合物，于分光光度计最大吸收波长 510 nm 处测量其吸光度。

二、仪器、试剂

1．试剂

（1）盐酸溶液：180 g/L。

用量筒量取 409 mL 的浓盐酸，用水稀释至 1 000 mL，并混匀。

（2）氨水溶液：85 g/L。

用量筒量取 25%氨水 374 mL，用水稀释至 1 000 mL 并混匀。

（3）硫酸。

（4）乙酸–乙酸钠缓冲溶液，pH = 4.5。

称取 164 g 乙酸钠（$CH_3COONa \cdot 3H_2O$）溶于 500 mL 水中，加 240 mL 乙酸，稀释至 1 000 mL。

（5）抗坏血酸溶液：100 g/L，该溶液使用期限为 7 天。

（6）邻菲啰啉溶液：1 g/L，该溶液应避光保存，仅能使用无色溶液。

（7）硫酸铁铵[$NH_4Fe(SO_4)_2 \cdot 12H_2O$]。

（8）铁标准溶液：1 mL 含有 0.200 mg 铁。

按下述方法之一制备：

① 称取 1.727 g 十二水硫酸铁铵[$NH_4Fe(SO_4)_2 \cdot 12H_2O$]，精确至 0.001 g，用约 200 mL 水溶解，定量转移至 1 000 mL 容量瓶中，加 20 mL 硫酸溶液（1+1），稀释至刻度并混匀。

② 称取 0.200 g 纯铁丝（质量分数为 99.9%），精确至 0.001 g，放入烧杯中，加 10 mL 浓盐酸，缓慢加热至完全溶解，冷却，定量转移至 1 000 mL 容量瓶中，稀释至刻度并混匀。

（9）铁标准溶液：1 mL 含有 20 μg 铁。

移取 50.0 mL 铁标准溶液（1 mL 含有 0.200 mg 铁），置于 500 mL 容量瓶中，稀释至刻度，摇匀。该溶液现用现配。

2．仪器

（1）分光光度计：带有厚度为 1 cm、2 cm、4 cm、5 cm 的比色皿。

（2）实验室常规仪器。

三、测定步骤

表 9-2　标准比色液的配制

试液中预计的铁含量/μg					
50～500		25～250		10～100	
铁标准溶液（1 mL 含有 20 μg 铁）/mL	对应的铁含量/μg	铁标准溶液（1 mL 含有 20 μg 铁）/mL	对应的铁含量/μg	铁标准溶液（1 mL 含有 20 μg 铁）/mL	对应的铁含量/μg
0[①]	0	0[①]	0	0[①]	0
2.50	50	3.00	60	0.50	10
5.00	100	5.00	100	1.00	20
10.00	200	7.00	140	2.00	40
15.00	300	9.00	180	3.00	60
20.00	400	11.00	220	4.00	80
25.00	500	13.00	260	5.00	100
比色皿光程/cm					
1		2		4 或 5	

①试剂空白溶液。

1．标准曲线的绘制

（1）标准比色液的配制。

适用于光程为 1 cm、2 cm、4 cm 或 5 cm 比色皿吸光度的测定。

根据试液中预计的铁含量，按照表 9-2 指出的范围在一系列 100 mL 容量瓶中，分别加入给定体积的铁标准溶液（1 mL 含有 20 μg 铁）。

（2）显色。

每个容量瓶都按下述规定同时同样处理：如有必要，用水稀释至约 60 mL，用盐酸溶液调至 pH 为 2（用精密 pH 试纸检查）。加 1 mL 抗坏血酸溶液，然后加 20 mL 乙酸–乙酸钠缓冲溶液和 10 mL 邻菲啰啉溶液，用水稀释至刻度，摇匀，放置不少于 15 min。

（3）吸光度的测定。

选择适当光程的比色皿（见表 9-2），于最大吸收波长约 510 nm 处，以水为参比，将分光光度计的吸光度调整到零，进行吸光度测量。

（4）绘图。

从每个标准比色液的吸光度中减去试剂空白试液的吸光度，以每 100 mL 含 Fe 量（mg）为横坐标，对应的吸光度为纵坐标，绘制标准曲线。

2．试样的测定

移取 50.00 mL 试样，置于烧杯中，必要时，用氨水溶液或盐酸溶液调整 pH 为 2，用精密试纸检查 pH。将试液定量转移至 100 mL 的容量瓶内，加 1 mL 抗坏血酸溶液，然后加 20 mL 乙酸–乙酸钠缓冲溶液和 10 mL 邻菲啰啉溶液，用水稀释至刻度，摇匀，放置不少于 15 min。

另取同样体积的试剂，按照上面的方法做一空白溶液。

用试验溶液的吸光度减去空白试验溶液的吸光度，从工作曲线上查出相应的铁的质量。

四、分析结果的表述

1．甲醛溶液中铁含量的计算

铁的质量分数 w_3，按下式计算：

$$w_3 = \frac{m_2}{V\rho_t \times 1\,000} \times 100$$

式中，m_2 —— 从铁标准溶液曲线上查得铁的质量，mg；

V —— 试样的体积，mL；

ρ_t —— t℃温度下试样的密度，g/cm^3。

2．允许差

取两次平行测定结果的算术平均值为报告结果。两次平行测定结果的绝对差值不得大于 5×10^{-6}%。

任务五　工业用甲醛溶液中甲醇含量的测定

一、气相色谱法

1．测定原理

在选定的工作条件下，样品汽化通过色谱柱，各组分得以分离，用氢火焰离子化检测器检测。用内标法定量，计算出甲醇的质量分数。

2．仪器、试剂

（1）试剂。

① 甲醇。

② 无水乙醇：内标物。

③ 氢气：体积分数不低于 99.9%，经硅胶与分子筛干燥、净化。

④ 氮气：体积分数不低于 99.95%，经硅胶与分子筛干燥、净化。

⑤ 空气：经硅胶与分子筛干燥、净化。

（2）仪器。

① 气相色谱仪：配有火焰离子化检测器。

② 记录仪：色谱数据处理机或色谱工作站。

③ 进样器：1 μL。

表 9-3　工业用甲醛溶液中甲醇含量的测定推荐的色谱柱和典型操作条件

项目	毛细管色谱柱	填充色谱柱
固定相	极性多孔高聚物键合（聚乙烯苯–二乙烯基苯）	GDX–403 高分子微球
柱长/柱内径/液膜厚度	25 m×0.32 mm×7 μm	2 m×（φ3 mm～φ4 mm）
柱温/℃	初温：110，升温速率 10℃/min，终温：160	120～130
汽化室温度/℃	180	200
检测器温度/℃	200	200
空气流量/（mL/min）	400	300～500
氢气流量/（mL/min	40	30～50
载气（N_2）柱流量/（mL/min）	1.0	—
载气（N_2）流量/（mL/min）	—	30～50
分流比	50∶1	—
进样量/μL	1	—

工业用甲醛溶液中甲醇含量的测定推荐的色谱柱和典型操作条件见表 9-3。典型色谱图见图 9-1 和图 9-2。其他能达到同等分离程度的色谱柱和色谱操作条件也可使用。

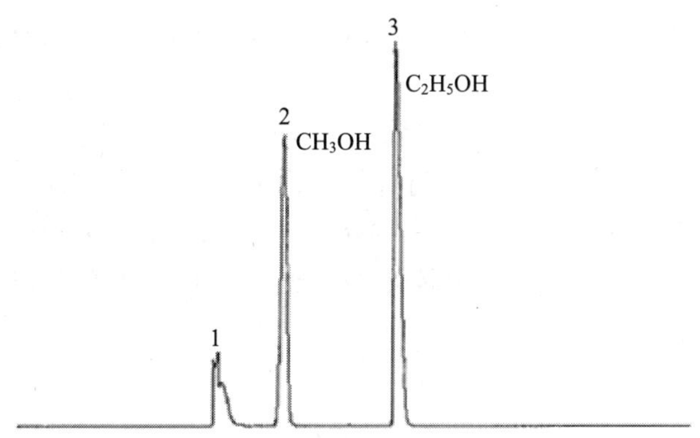

1—未知物；2—甲醇；3—乙醇

图 9-1 工业用甲醛溶液样品毛细管柱典型色谱图

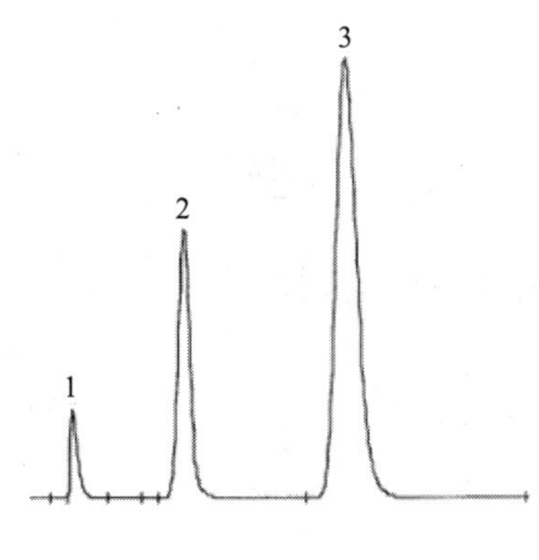

1—甲醛；2—甲醇；3—乙醇

图 9-2 工业用甲醛溶液样品填充色谱柱典型色谱图

3．测定步骤

（1）标准溶液的配制。

于 5 个 25 mL 容量瓶中，分别加入 0.16 mL、0.47 mL、0.80 mL、1.10 mL、1.40 mL 甲醇，称量，精确至 0.000 1 g；加 0.5 mL 无水乙醇，称量，精确至 0.000 1 g，

用水稀释至刻度，混匀。

注：甲醇、内标物乙醇的加入量，可根据甲醛样品中的甲醇含量进行调整。

（2）相对校正因子的测定。

① 启动气相色谱仪，按表 9-3 所列色谱操作条件调试仪器。

② 仪器稳定后，用微量注射器取 1 μL 标准溶液，进样、分析。

（3）样品测定。

① 在已知质量的 25 mL 的容量瓶中，加入一定量的试样，所加试样的量按稀释后甲醛的含量在 18%～25%进行计算，称量，精确至 0.000 1 g；加入 0.5 mL 乙醇，称量，精确至 0.000 1 g；用水稀释至刻度，混匀。为试样溶液。

② 仪器稳定后，用微量注射器取 1 μL 试样溶液，进样、分析。

4．分析结果的表述

（1）甲醇的相对校正因子 f'按下式计算：

$$f' = \frac{A_s m_i}{A_i m_s}$$

式中，A_i —— 甲醇组分的峰面积；

m_s —— 乙醇的质量，g；

A_s —— 乙醇的峰面积；

m_i —— 甲醇的质量，g。

（2）甲醇的质量分数 w，按下式计算：

$$w = f' \times \frac{A_i m_s}{A_s m} \times 100$$

式中，A_i —— 甲醇组分的峰面积；

m_s —— 内标物的质量，g；

A_s —— 内标物的峰面积；

m —— 试样的质量，g；

f' —— 甲醇的相对校正因子。

（3）允许差。取两次平行测定结果的算术平均值为报告结果。当甲醇的质量分数小于 2%时，两次平行测定结果的绝对差值不大于 0.05%；当甲醇的质量分数大于 2%时，两次平行测定结果的绝对差值不大于 0.1%。

二、查表法

37%级的工业用甲醛溶液可以采用查表的方法得到甲醇的含量。表见国标《工业用甲醛溶液》（GB/T 9009—2011）的附录 D。

任务六　工业用甲醛溶液密度的测定

一、测定方法

按《化工产品密度、相对密度的测定》（GB/T 4472—2011）规定的液体密度（密度计法）的测定方法进行测定，其中试样密度在 15～45℃范围内的温度校正系数为 k 为 0.000 58 g/（cm^3·℃）。测定方法详见项目八“工业用环己酮的分析检验”中任务四的内容。

二、允许差

取两次平行测定结果的算术平均值为报告结果。两次平行测定结果的绝对差值不得大于 0.000 5 g/cm^3。

任务七　工业用甲醛溶液色度的测定

按《液体化学产品颜色测定法（Hazen 单位 铂-钴色号）》（GB/T 3143—1982）规定的色度的测定方法进行测定。测定方法详见项目八“工业用环己酮的分析检验”中任务六的内容。

知识链接

一、工业用甲醛溶液生产原料及应用

甲醛因其生产工艺的不同，生产的原料也不同，主要是甲醇、二甲醚等。

甲醛是一种重要的基本有机化工原料，用途广泛，如合成树脂、合成医药、合成香料、合成农药、合成缓效肥料、合成炸药、合成螯合剂、合成助剂以及合成重要的有机中间体等。以往，工业甲醛主要用于生产脲醛树脂和酚醛树脂。近年来，甲醛的用途结构正在发生变化，用于生产聚对苯二甲酸丁二醇酯（PBT）、聚缩醛（POM）工程塑料及二苯基甲烷二异氰酸酯（MDI）。甲醛的用量正在快速增加，其中 PBT 及 POM 在电子工业和汽车工业方面的用量增长尤为明显。

二、工业用甲醛溶液生产工艺

根据工艺过程的不同，甲醇空气氧化法又分为银催化氧化法（甲醇过量法）和铁–钼氧化物催化氧化法（空气过量法）。为了制取高浓度甲醛、提高能量综合利用效率，又相继开发了尾气循环法和甲缩醛氧化法，现阶段正在研究开发的还有甲醇脱氢法新工艺。

1．甲醇空气氧化法

甲醇在催化剂作用下，发生脱氢、氧化反应，生成甲醛。反应式如下：

$$CH_3OH \longrightarrow HCHO + H_2$$

$$CH_3OH + \frac{1}{2}O_2 \longrightarrow HCHO + H_2O$$

反应所用催化剂有银催化剂和铁–钼催化剂，各在不同的反应条件下操作。

（1）银催化剂法。

该法在过量甲醇存在下反应。反应温度 600～720℃，压力为常压。采用银丝网或铺成薄层的银粒为催化剂。使用寿命 2～4 个月。反应原料气中加入一定量的蒸汽，以减轻薄层银烧结引起的活性下降。甲醛收率可达的 87.5%左右。

（2）铁–钼催化剂法。

该法在过量空气存在下反应，反应温度 320～350℃，压力为常压。催化剂含 18%～19%Fe_2O_3 和 81%～82%M_OO_3。还常加入铬和钴的氧化物作助催化剂。使用寿命可达两年。甲醇转化率为 95%～99%，甲醛选择性为 91%～94%。副产 570 kg 蒸汽。

2．二甲醚氧化法

甲醇生产过程中的副产物二甲醚可经催化氧化制得甲醛。其反应式如下：

$$CH_3OCH_3 + O_2 \longrightarrow 2HCHO + H_2O$$

反应所用催化剂为氧化钨。反应温度 450～500℃，压力为常压。甲醛得率约 70%。

三、工业用甲醛溶液工艺流程

1．甲醇空气氧化法

（1）银催化剂法。

新鲜甲醇与循环甲醇混合后进入蒸发器蒸发，同时鼓入经过过滤并压缩至

0.14 MPa 的空气。蒸发器中出来的甲醇蒸气与空气的混合物中再加入一定量的水蒸气，然后进过热器过热。再进反应器反应。反应器上部由很薄的催化剂层构成，原料气通过薄层催化剂进行反应。下部为列管式废热锅炉。反应气体在此迅速冷却，以抑制副反应的生成。离开废热锅炉的反应气体再经进一步冷却后进入吸收塔，用水吸收其中的甲醛。吸收液从塔底排出，未吸收的尾气从塔顶放空。吸收液进入蒸馏塔，除去部分甲醇后，得到含 37%～50%甲醛和一定量甲醇的产品。其工艺流程见图 9-3。

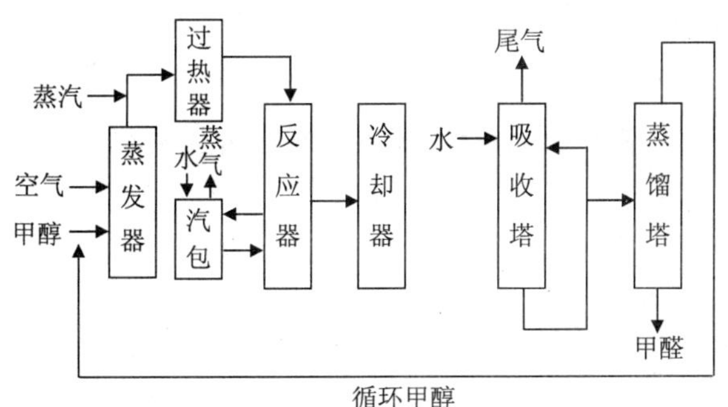

图 9-3 甲醇空气氧化法 —— 银催化剂法生产甲醛的工艺流程

（2）铁–钼催化剂法

铁–钼催化剂法生产甲醛与银催化剂法工艺流程基本相同。只是由于采用铁–钼催化剂时，甲醇转化接近完全，吸收塔底出来的吸收液即可作为产品，不需再加蒸馏塔。其工艺流程见图 9-4。

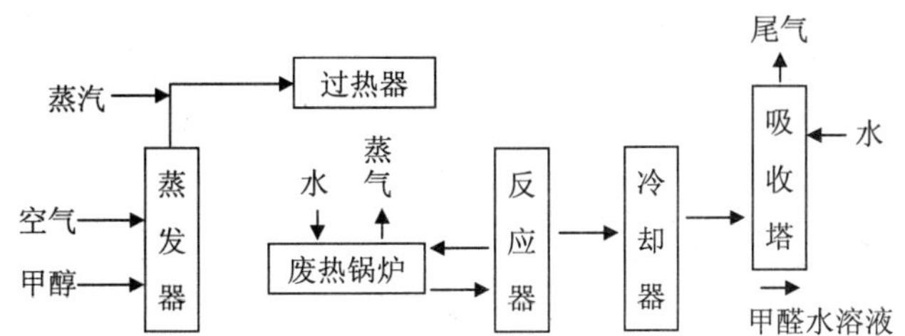

图 9-4 甲醇空气氧化法 —— 铁–钼催化剂法生产甲醛的工艺流程

2．二甲醚氧化法

二甲醚与空气混合后送入反应器，同时加入经过热器过热的水蒸气。反应后的气体离开反应器进冷却塔冷却。然后进第一吸收塔用水吸收。未吸收的气体进第二吸收塔继续吸收。第一吸收塔塔底出来的吸收液部分返回塔顶，其余进离子交换塔，经脱去甲酸后得到甲醛含量 37%～44%的产品。其工艺流程见图 9-5。

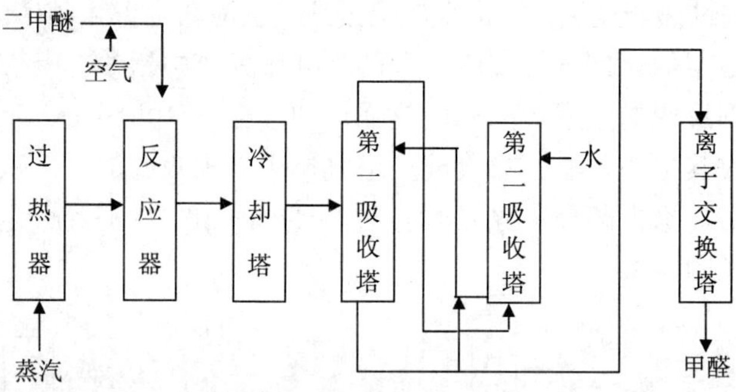

图 9-5 二甲醚氧化法生产甲醛的工艺流程

项目十　工业用季戊四醇的分析检验

项目内容

季戊四醇（pentaerythrite），分子式 C（CH_2OH）$_4$，多元醇类有机物，学名“2,2-双（羟甲基）-1,3-丙二醇”。季戊四醇是白色或淡黄色的结晶粉末，略带甜味。稍溶于乙醇，溶于水、甲醇、甘油、乙二醇、甲酰胺，不溶于丙酮、苯、石蜡、醚和四氯化碳。易被一般有机酸酯化，与稀氢氧化钠溶液同煮无反应。沸点 276℃，熔点 262℃，密度 1.35 g/cm^3。

季戊四醇产品一般包括单季戊四醇（PE）、双季戊四醇（DPE）和三季戊四醇（TPE）。

表 10-1　工业用季戊四醇的技术要求

项目	指标			
	98 级	95 级	90 级	86 级
季戊四醇的质量分数计/%（≥）	98.0	—	—	—
季戊四醇[以 $C(CH_2OH)_4$ 计]① 的质量分数/%（≥）	—	95.0	90.0	86.0
羟基的质量分数/%（≥）	48.5	47.5	47.0	46.0
干燥减量的质量分数计/%（≤）	0.20	0.50		
灼烧残渣的质量分数/%（≤）	0.05	0.10		
邻苯二甲酸树脂着色度/（Fe、Co、Cu 标准比色液）号（≤）	1	2		4
终熔点/℃（≥）	250	—	—	—

注：①季戊四醇和季戊四醇环状缩甲醛的含量折算为 $C(CH_2OH)_4$ 计入。

工业用季戊四醇现行的标准是国家标准 GB/T 7815—2008。该标准指出工业用季戊四醇按其纯度（98%、95%、90%、85%以上）可以分为四型，分别命名为 98 级、95 级、90 级和 86 级。并指出产品外观为白色晶体。而且规定了工业用季戊四醇的技术要求，见表 10-1。

以甲醛和乙醛为原料，氢氧化钠或氢氧化钙为催化剂生产的工业用季戊四醇产品按照国家标准《工业用季戊四醇》（GB/T 7815—2008）中的规定进行测定。该标准规定了工业用季戊四醇的试验方法，包括季戊四醇含量、羟基含量、干燥减量、灼烧残渣、邻苯二甲酸树脂着色度等的测定方法。

工作任务

任务一　工业用季戊四醇分析准备工作

一、样品的采集和制备

1．工业用季戊四醇样品的采集

（1）确定批量。

以同等质量的产品为一批，每批量不大于 60 t。

（2）样品数。

袋装的工业季戊四醇样品，当总的包装袋数小于 500 时，取样袋数按表 1-4 的规定选取；大于 500 时，按$3\times\sqrt[3]{N}$（N 为总的包装数）的规定选取。

（3）样品量。

取样量为 250 g。

（4）采样方法。

采样时，用开口采样管取样，样品混匀，用四分法缩分。

2．样品的保存

将样品分装于两个清洁、干燥的磨口瓶中，贴上标签。注明产品名称、批号、采样日期、采样地点和采样者姓名。一份供检验用，另一份保存为留样备查，留样保存期三个月。

二、工业用季戊四醇的检验规则

（1）技术要求中的所有指标项目均为型式检验项目。正常生产情况下每两周进行一次型式检验。有下列情况之一时，也应进行型式检验。

① 更新关键生产工艺；

② 主要原料有变化；

③ 停产又恢复生产；

④ 出厂检验结果与上次型式检验有较大差异；

⑤ 合同规定。

（2）季戊四醇含量、羟基含量、干燥减量、灼烧残渣为出厂检验项目，出厂检验每批进行一次。

（3）工业用季戊四醇应由生产厂的质量监督检验部门按照规定进行检验。生产厂应保证每批出厂的产品都符合要求。

（4）检验结果如有一项指标不符合要求，应重新自两倍量的包装中采样进行复验，复验结果即使有一项指标不符合要求时，则整批产品为不合格。

三、工业用季戊四醇的标志、标签、包装、运输和贮存

1．标志、标签

（1）工业季戊四醇包装容器上应有牢固清晰的标志，内容包括：生产厂名、厂址、产品名称、商标、产品型号、净含量、批号或生产日期及标准编号，以及GB/T 191—2008 规定的“怕雨”标志。

（2）每批出厂的工业季戊四醇都应附有质量证明书，内容包括：生产厂名、厂址、产品名称、批号或生产日期、产品型号、净含量、产品质量符合国家标准的证明和编号。

2．包装、运输、贮存

（1）工业用季戊四醇应用复合塑料编织袋、纸塑复合袋或其他适用的包装材料包装。每袋净含量为 25 kg、500 kg、750 kg，或按用户要求包装。

（2）工业用季戊四醇运输时应避免日晒雨淋。

（3）工业碳酸钠应贮存于干燥、清洁、通风的仓库内，不得露天堆放和靠近火源、热源。

四、定性检验

1．试剂

硝酸铈试剂：取 2 g 硝酸铈铵[$(NH_4)_2Ce(NO_3)_6$]，加 5 mL 硝酸溶液（1+7），加热溶解，放冷备用。

苯甲醛溶液：将 2 mL 苯甲醛加入到 10 mL 甲醇中。

2．检验

（1）外观为白色或浅黄色结晶。

（2）取约 0.5 g 试样于试管中，加 5 mL 水溶解。将制得试液的一半倒入盛有 0.5 mL 硝酸铈试剂的试管中，振荡，溶液应呈红色。

（3）在剩余的试液中加入 7 mL 苯甲醛的甲醇溶液和 5 mL 盐酸，振动后放置

15 min，应有白色沉淀生成（证明有季戊四醇二苄基化合物）。

任务二　工业用季戊四醇中季戊四醇含量的测定

一、二苄叉法

1．测定原理

在该样的热溶液中，加入苯甲醛–甲醇溶液及盐酸，与试样中的季戊四醇和季戊四醇环状缩甲醛反应生成季戊四醇–二苄叉沉淀物，将沉淀物经过滤、洗净、干燥、称量，计算得到季戊四醇含量，季戊四醇环状缩甲醛也折算为季戊四醇计入。

季戊四醇反应式为：

$$C(CH_2OH)_4 + 2C_6H_5CHO \longrightarrow C(CH_2O)_4(CH{\bullet}C_6H_5)_2 + 2H_2O$$

季戊四醇环状缩甲醛反应式为：

$$C(CH_2OHCH_2O)_2(CH_2) + C_6H_5CHO \longrightarrow C(CH_2O)_4(CH_2)(CH{\bullet}C_6H_5) + 2H_2O$$

2．仪器、试剂

（1）试剂。

① 盐酸。

② 苯甲醛–甲醇溶液：15+100。

③ 甲醇水溶液：1+1。

（2）仪器。

① 多孔玻璃坩埚：G3。

② 实验室常规仪器。

3．测定步骤

（1）样品的制备。

称取 10 g 实验室样品，研磨至能全部通过 74 μm 筛，得到试样。

（2）样品的测定。

称取已制备好的试样 0.5 g，精确至 0.000 2 g，置于具塞锥形瓶中，加 5 mL 水，轻轻加盖，在水浴上或直接加热，使试样迅速溶解，加热时不应使溶液沸腾，趁热向溶液中加入 20.00 mL 苯甲醛–甲醇溶液和 12 mL 盐酸，加盖，室温下放置 15～30 min。放置期间应时常摇动锥形瓶，结晶析出后继续摇动。将锥形瓶放置于 0～2℃的冰水浴中 1 h，使结晶完全析出，取出锥形瓶，立即用多孔玻璃坩埚抽滤，用20～25℃的甲醇水溶液20 mL洗涤锥形瓶，将洗液并入多孔玻璃坩埚内，用一头扁平的玻璃棒搅拌沉淀物，再抽滤，此操作反复进行三次，再用20～25℃的甲醇水溶液20 mL洗涤锥形瓶内壁、玻璃棒及多孔玻璃坩埚内壁，再次抽滤，洗涤所用甲醇水溶液总量为100 mL。沉淀物在（105±2）℃的条件下干燥2 h，在干燥器中冷却至室温，称量。

4．分析结果的表述

（1）季戊四醇[以 $C(CH_2OH)_4$ 计]的质量分数 w_1，数值以%表示，按下式计算：

$$w_1 = \frac{(m_1 + 0.026\,9) \times 0.435\,9}{m} \times 100$$

式中，m_1 —— 沉淀物的质量，g；

m —— 试料的质量，g；

0.435 9 —— 季戊四醇与季戊四醇–二苄叉化合物的摩尔质量之比；

0.026 9 —— 沉淀物溶解部分的校正质量，g。

（2）允许差。取两次平行测定结果的算术平均值为测定结果，两次平行测定结果的绝对差值不大于0.4%。

二、气相色谱法

1．测定原理

试样中的季戊四醇及杂质组分与硅烷化试剂反应生成相应的硅烷化衍生物，在选定的色谱工作条件下，硅烷化衍生物经汽化通过色谱柱，使其中的各组分分离，用氢火焰离子化检测器检测，用面积归一化法定量。

2．仪器、试剂

（1）试剂。

① 氮气：体积分数大于99.995%。

② 氢气：体积分数大于99.995%。

③ 空气：经硅胶或分子筛干燥，净化。

④ N,N-二甲基甲酰胺：保存在冰箱冷藏室中。

⑤ N,O-（三甲基硅基）三氟乙酰胺：保存在冰箱冷藏室中。

（2）仪器。

① 气相色谱仪：配有氢火焰离子化检测器，以苯为样品，整机灵敏度的检测限 $D \leqslant 1 \times 10^{-11}$ g/s。

② 制样瓶：带橡胶隔垫的旋塞，容积2 mL。

③ 进样器：10 μL 玻璃注射器或自动进样阀。

④ 色谱柱及操作条件。

表 10-2 推荐的色谱柱和色谱操作条件

色谱柱固定相	固定液 10% OV–101 担体 Chromosorb C–A WDMCS 180～250 μm
色谱柱管材质	不锈钢
色谱柱长/m	2
色谱柱内径/mm	3
柱箱温度/℃	初始温度 120℃，以 12℃/min 升温到 270℃保持 10 min
汽化室温度/℃	270
检测器温度/℃	280
载气（N_2）流量/（mL/min）	30
空气流量/（mL/min）	300
氢气流量/（mL/min）	30
进样量/μL	1

推荐的色谱柱和色谱操作条件见表 10-2。典型色谱图及各组分相对保留值见图 10-1 和表 10-3。其他能达到同等分离程度的色谱柱及色谱操作条件也可使用。

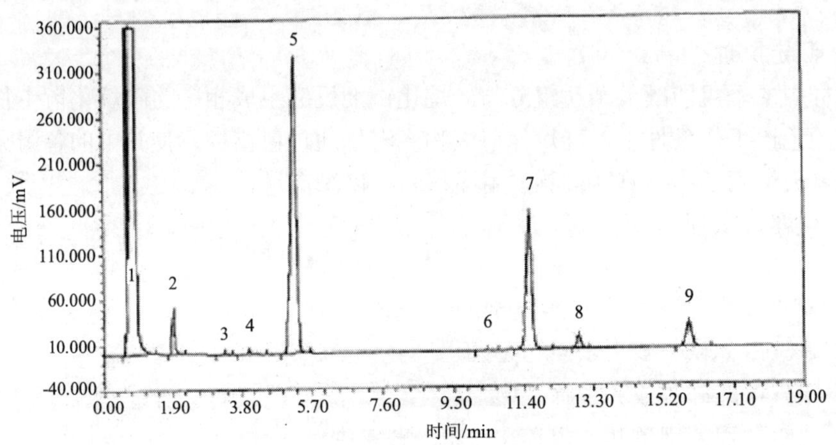

1—溶剂；2—硅烷化试剂；3，4，6—未知峰；5—季戊四醇；

7—双季戊四醇；8—季戊四醇环状缩甲醛；9—三季戊四醇

图 10-1 季戊四醇典型色谱

表 10-3 各组分的相对保留值

峰号	峰名	相对保留值
1	溶剂	0.075
2	硅烷化试剂	0.381
3	未知峰	0.644
4	未知峰	0.762
5	季戊四醇	1
6	未知峰	1.935
7	双季戊四醇	2.154
8	季戊四醇环状缩甲醛	2.395
9	三季戊四醇	2.943

色谱柱在首次使用前应进行老化处理。在载气（N_2）流量为 10 mL/min 的情况下，柱温起始温度 120℃保持 2 h，然后升温至 260℃保持 2 h，再升温至 290℃保持 12 h。

3．测定步骤

按表 10-2 所列色谱操作条件调试仪器，使仪器稳定。

称取已制备好的试样 5～6 mg，置于 2 mL 制样瓶中，依次加入 0.1 mL N，N-二甲基甲酰胺，0.05 mL N，O-（三甲基硅基）三氟乙酰胺，盖上瓶塞摇匀，在 70～80℃的烘箱中加热 10 min，得到制备好的硅烷化衍生物。

用 10 μL 玻璃注射器吸取 1 μL 进样分析或用自动进样器进样。以面积归一化法定量。

4．分析结果的表述

（1）季戊四醇的质量分数 w_2，数值以%表示，按下式计算：

$$w_2 = \frac{A}{\sum A_i} \times (100 - w_5)$$

式中，A —— 季戊四醇硅烷化衍生物色谱峰的面积；

A_i —— 某组分硅烷化衍生物色谱峰的面积；

w_5 —— 干燥减量的质量分数，%。

（2）允许差。取两次平行测定结果的算术平均值为测定结果。两次平行测定结果的绝对差值不大于 0.20%。

任务三　工业用季戊四醇中羟基含量的测定

一、乙酸酐—吡啶法

1．测定原理

在吡啶催化下，在 90～100℃季戊四醇与乙酰化试剂定量发生乙酰化反应，生成酯和乙酸，同样条件进行空白试验，空白与试样消耗氢氧化钠标准溶液体积之差值得到反应掉的乙酰化试剂的量，从而求得羟基含量。

2．仪器、试剂

（1）试剂。

① 吡啶：水含量（质量分数）0.3%～0.45%。

注：每升吡啶中需加入的水的毫升数 V=4.0−9A，式中 A 为所用吡啶试剂的水含量（以%表示）。

② 氢氧化钠标准滴定溶液：c（NaOH）= 1 mol/L。

③ 乙酰化试剂：10 mL 乙酸酐和 90 mL 吡啶混匀，装入密闭瓶中，避光保存。此试剂在不变色的情况下保存期为一周。

④ 酚酞指示液：10 g/L。

（2）仪器。

① 带磨口的平底烧瓶：200 mL。

② 直行玻璃冷凝管：具塞口，长度 750～1 000 mm。

③ 热浴：油浴或水浴，控制温度在 90～100℃。

④ 实验室常规仪器。

3．测定步骤

称取已制备好的试样约 0.4 g，精确至 0.000 2 g，置于平底烧瓶中，用移液管准确加入 20.00 mL 乙酰化试剂，安装上直形玻璃冷凝管，用 1～2 滴吡啶密封连接处，将平底烧瓶半浸入至 90～100℃的热浴中，在时常摇动下加热回流 1 h。

从热浴中取出平底烧瓶，用 20 mL 水冲洗冷凝器，与平底烧瓶中的溶液混匀，随即在 5℃以下的冰水浴中冷却至室温，加入 2～3 滴酚酞指示液，以氢氧化钠标准滴定溶液滴定。当溶液呈浅红色时为终点。在测定的同时，按与测定相同的步骤，对不加试料而使用相同数量的试剂溶液做空白试验。

4．分析结果的表述

（1）羟基的质量分数 w_3，数值以%表示，按下式计算：

$$w_3 = \frac{[(V_1 - V_2)/1\,000]cM}{m} \times 100$$

式中，V_1 —— 空白试验消耗氢氧化钠标准滴定溶液的体积，mL；

V_2 —— 试料消耗氢氧化钠标准滴定溶液的体积，mL；

c —— 氢氧化钠标准滴定溶液的浓度，mol/L；

m —— 试料的质量，g；

M —— 羟基的摩尔质量（M = 17.0 g/mol）。

（2）允许差。取两次平行测定结果的算术平均值为测定结果。两次平行测定结果的绝对差值不大于 0.2%。

二、乙酸酐-乙酸钠法

1．测定原理

在加热条件下，季戊四醇与乙酰化试剂定量发生乙酰化反应，生成酯和乙酸，用碱中和生成的酸和剩余的乙酰化试剂，再加入定量的碱与生成的酯发生皂化反应还原羟基，用硫酸标准滴定溶液滴定多余的碱，同样条件进行空白试验，空白与试样消耗硫酸标准溶液之差值，即为酯发生皂化反应所消耗的碱值，求得羟基含量。

2．仪器、试剂

（1）试剂。

① 无水乙酸钠。

② 乙酸酐。

③ 硫酸标准滴定溶液：c（1/2 H_2SO_4）= 1 mol/L。

④ 氢氧化钠标准滴定溶液：c（NaOH）= 1 mol/L。

⑤ 酚酞指示液：10 g/L。

（2）仪器。

实验室常规仪器。

3．测定步骤

称取已制备好的试样 0.8 g，精确至 0.000 2 g，置于 500 mL 干燥洁净的锥形瓶中，加入 1 g 无水乙酸钠，5.00 mL 乙酸酐，摇匀。在电炉上缓慢加热并不时摇动，溶液微沸 1～2 min，使锥形瓶 3/4 处有回流液，取下锥形瓶，稍冷，以旋转方式加入 25 mL 水继续加热至沸腾，使溶液清亮，取下锥形瓶自然冷却至室温，加入 8 滴酚酞指示液，用氢氧化钠标准滴定溶液中和至浅红色（加碱速度不应太快），然后加入 50.00 mL 氢氧化钠标准滴定溶液，在电炉上加热沸腾 10 min（为防止爆沸，可加入数粒玻璃球），取下锥形瓶，装上碱石灰管，急速冷却至室温，加入 8 滴酚酞指示液，用硫酸标准滴定溶液滴定至浅红色为终点。在测定的同时，按与测定相同的步骤，对不加实验室样品而使用相同数量的试剂溶液做空白试验。

4．分析结果的表述

（1）羟基的质量分数 w_4，数值以%表示，按下式计算：

$$w_4 = \frac{[(V_1 - V_2)/1\,000]cM}{m} \times 100$$

式中，V_1 —— 空白试验消耗硫酸标准滴定溶液的体积，mL；

V_2 —— 试料消耗硫酸标准滴定溶液的体积，mL；

c —— 硫酸标准滴定溶液的浓度，mol/L；

m —— 试料的质量，g；

M —— 羟基的摩尔质量（$M = 17.0$ g/mol）。

（2）允许差。取两次平行测定结果的算术平均值为测定结果。两次平行测定结果的绝对差值不大于 0.2%。

任务四　工业用季戊四醇中干燥减量的测定

一、仪器

（1）称量瓶：扁平，直径 70 mm。

（2）烘箱：控制温度在（105±2）℃。

二、测定步骤

称取约 5 g 实验室样品，精确至 0.000 2 g，置于预先在（105±2）℃干燥至质量恒定的称量瓶中，于（105±2）℃烘箱中干燥 3 h，置于干燥器中冷却至室温，称量。

三、分析结果的表述

（1）干燥减量的质量分数 w_5，数值以%表示，按下式计算：

$$w_5 = \frac{m_1 - m_2}{m} \times 100$$

式中：m_1 —— 干燥前试料和称量瓶的质量，g；

m_2 —— 干燥后试料和称量瓶的质量，g；

m —— 试料的质量，g。

（2）允许差。取两次平行测定结果的算术平均值为测定结果。两次平行测定结果的绝对差值不大于 0.04%。

任务五 工业用季戊四醇中灼烧残渣的测定

一、测定原理

试样经碳化，高温灼烧，使炭还原成灰，称量。

二、仪器、试剂

1．试剂

（1）无水氯化钙。

（2）变色硅胶。

（3）硝酸。

2．仪器

（1）分析天平：感量为 0.000 1 g。

（2）高温炉：可控制温度[（650～850）±25℃]。

（3）坩埚：容积 50～100 mL 的瓷坩埚、石英坩埚、铂坩埚均可。

（4）干燥器：内装变色硅胶或无水氯化钙。

（5）坩埚钳。

（6）电炉：1 000 W 可调节。

三、测定步骤

1．有机化工产品灰分的测定（GB/T 7531—2008）

（1）用 20%的盐酸溶液浸泡瓷坩埚 24 h；浸泡石英坩埚、铂坩埚 2 h，然后洗净，烘干。

（2）将已经处理过的坩埚放在高温炉中，在选定的试验温度下灼烧适当时间，取出坩埚，在空气中冷却 1～3 min，然后移入干燥器中，冷却至室温（约 45 min），称量(称准至 0.000 2 g)。重复上述试验至恒重，即两次称量结果之差不大于 0.3 mg。

（3）每个测定试样的称量质量，应以能获得残渣量不小于 3 mg 为依据。对于灰分含量低的产品，由于称量质量大，可采取分次加样的方法，直到全部试样炭化或挥发完全为止。

（4）用已经恒重的坩埚称取规定的试样，放在电炉上缓慢加热，直到试样全部炭化或挥发；如是升华性质的试样，应采用缓慢燃烧至炭化。最后将坩埚移入高温炉中，在选定的试验温度下灼烧适当时间，取出坩埚和试样，在空气中冷却1～3 min，然后移入干燥器中，冷却至室温（约 45 min），称量（称准至 0.000 2 g）。重复上述试验至恒重，即两次称量结果之差不大于 0.3 mg。

（5）较难灼烧的试样，可在炭化后的坩埚中加入 0.5～1.0 mL 硝酸溶液，使碳化物湿润，在电炉上加热，直到棕色烟雾消失，然后移入高温炉中，在选定的试验温度下灼烧适当时间，取出坩埚和试样，在空气中冷却 1～3 min，然后移入干燥器中，冷却至室温（约 45 min），称量（称准至 0.000 2 g）。重复上述试验至恒重，即两次称量结果之差不大于 0.3 mg。

注：在同一试验中，必须使用同一个干燥器，放入相同数量的坩埚，严格控制在空气中和在干燥器中的冷却时间。

（6）灼烧温度应根据不同产品从下列温度中选择：（650±25）℃、（750±25）℃、（850±25）℃。

2．季戊四醇中灼烧残渣的测定

称取 5～20 g 实验室样品（称量根据灼烧残渣量确定），精确至 0.000 2 g，灼烧温度（850±25）℃，其他按有机化工产品灰分的测定 GB/T 7531—2008 完成。

四、分析结果的表述

（1）灼烧残渣的质量分数 w_6，数值以%表示，按下式计算：

$$w_6 = \frac{m_1 - m_2}{m} \times 100$$

式中，m_1 —— 坩埚加残渣的质量，g；

m_2 —— 坩埚的质量，g；

m —— 试料的质量，g。

（2）允许差。取两次平行测定结果的算术平均值为测定结果。两次平行测定结果的绝对差值不大于 0.02%。

任务六　工业用季戊四醇中邻苯二甲酸树脂着色度的测定

一、测定原理

在实验室样品中加入邻苯二甲酸酐，加热后生成物的颜色与标准比色液进行比色。

二、仪器、试剂

1．试剂

（1）邻苯二甲酸酐：取 8 g 邻苯二甲酸酐，在 260～265℃的油浴（油浴可使用甲基硅油）中，边振荡边加热 5 min，所得邻苯二甲酸酐的色度应在 30 号（铂－钴色号 Hazen 单位）以下。

（2）标准比色溶液的配制。

① 标准比色贮备液的配制：按体积比 2∶5∶1 的比例，取下述氯化钴、氯化铁、硫酸铜溶液混合，得到标准比色贮备液。

氯化钴溶液：称取 59.5 g 氯化钴（$CoCl_2 \cdot 6H_2O$），用（1+39）盐酸溶解，稀释至 1 000 mL。

氯化铁溶液：称取 45.0 g 氯化铁（$FeCl_3 \cdot 6H_2O$），用（1+39）盐酸溶解，稀释至 1 000 mL。

硫酸铜溶液：称取 62.4 g 硫酸铜（$CuSO_4 \cdot 5H_2O$），用（1+39）盐酸溶解，稀释至 1000 mL。

② 标准比色溶液：将标准比色贮备液按表 10-4 的要求稀释，置于比色管中，密封、暗处保存、备用。

表 10-4 标准比色溶液

标准比色号	贮备液体积/mL	水体积/mL	总体积/mL
1	1	9	10
2	2	8	10
3	3	7	10
4	4	6	10
5	5	5	10
6	6	4	10
7	7	3	10
8	8	2	10
9	9	1	10
10	10	0	10

2．仪器

（1）油浴：可控制温度 260～265℃。

（2）比色管：25 mL。

（3）实验室常规仪器。

三、测定步骤

称取 3.00 g 实验室样品和 5.40 g 邻苯二甲酸酐，精确至 0.01 g，置于 25 mL 比色管中，将比色管置于 260～265℃的油浴（油浴可使用甲基硅油）中，边振荡边加热 5 min，趁热与标准比色液色阶管在白色背景的散射光下，横向透视比色，得到比色结果。

四、分析结果的表述

比色结果即邻苯二甲酸树脂着色度，指标见表 10-1。

任务七　工业用季戊四醇终熔点的测定

一、仪器

熔点测定仪。

二、测定步骤

先将仪器快速升温，当距熔点 20℃左右时，降低升温速率，继续升温，当距熔点 10℃左右时，严格控制升温速率在 1～1.5℃/min。

三、分析结果的表述

（1）季戊四醇的终熔点以仪器读取的为准。

（2）允许差。取两次平行测定结果的算术平均值为测定结果。两次平行测定结果的绝对差值不大于 1℃。

知识链接

一、工业用季戊四醇生产原料及应用

季戊四醇可由甲醛和乙醛在碳酸钠/氢氧化钠或氢氧化钙存在下发生反应制得。

季戊四醇主要用在涂料工业中，可用以制造醇酸树脂涂料，能使涂料膜的硬度、光泽和耐久性得以改善。它也用作色漆、清漆和印刷油墨等所需的松香脂的原料，并可制干性油、阴燃性涂料和航空润滑油等。季戊四醇的脂肪酸酯是高效的润滑剂和聚氯乙烯增塑剂，其环氧衍生物则是生产非离子表面活性剂的原料。季戊四醇易与金属形成络合物，也在洗涤剂配方中作为硬水软化剂使用。此外，还用于医药、农药等生产。

季戊四醇分子中含有四个等同的羟甲基，具有高度的对称性，因此常被用作多官能团化合物的制取原料。由它硝化可以制得季戊四醇四硝酸酯（太安，PETN），是一种烈性炸药；酯化可得季戊四醇三丙烯酸酯（PETA），用作涂料。

二、工业用季戊四醇生产工艺

季戊四醇以甲醛和乙醛为原料，在碱性催化剂（氢氧化钙或氢氧化钠。用氢氧化钙的季戊四醇生产工艺称为“钙法”；用氢氧化钠的季戊四醇生产工艺称为“钠法”。“钠法”正在逐步取代“钙法”）存在条件下，反应制得。

首先甲醛和乙醛缩合生成反应中间物五碳赤丝藻糖（季戊四糖），五碳赤丝藻糖与甲醛反应，还原生成季戊四醇，同时生成甲酸盐。

化学反应方程式如下：

$$CH_3CHO + 3HCHO \xrightarrow{OH^-} (HOCH_2)_3CCHO \xrightarrow[OH^-]{CH_2O} C(CH_2OH)_4 + HCOO^-$$

在反应过程中伴随有副反应发生，副产物主要有：聚季戊四醇、季戊四醇甲醚类、季戊四醇缩甲醛、树胶和甲醛聚糖。通过合理选择和严格控制反应条件可以抑制这些副反应的发生。

反应物是甲醛和乙醛混合物水溶液，反应原料配比决定了最终反应产物的比例。使用 NaOH 作催化剂，副产物是甲酸钠。随着原料配比中甲醛对乙醛的比例增加，相应的产物中二季戊四醇量增加，单季戊四醇量减少。

理论上四个甲醛分子与一个乙醛分子反应，消耗一个分子当量的碱，但是，为了抑制乙醛自身缩合反应发生，一般都采用过量的甲醛，甲醛与乙醛分子比为（5～15）∶1。本反应是放热反应，反应系统温度升高是引起副反应发生的主要原因。当反应温度超过 80℃时，大量副反应发生影响产品纯度，产品质量降低。因此，反应温度一般控制在 40～70℃，反应时间为 0.5～3 h。

三、工业用季戊四醇工艺流程

在工业生产中，将一定量的甲醛加入反应器。在搅拌条件下，把一定量的乙醛和碱逐渐加入反应器，加料时间持续 5 h，保持反应温度 33℃。反应热由冷冻盐水撤出，乙醛和碱进料完成，缩合反应结束。反应液（碱性混合物）用甲酸中和至 pH 为 6。过量甲醛通过蒸馏脱除，经真空浓缩，使季戊四醇浓度达到 35%～40%，再经过冷却结晶，此时甲酸钠仍在反应溶液中，然后过滤，水洗得到含有少量甲酸钠的灰白色产品。溶液经再真空发生器得到甲酸钠结晶，然后经热离心过滤得甲酸钠，残液冷却再回收季戊四醇。为了得到高纯度季戊四醇，将上述工艺得到的季戊四醇再溶于热水中，过滤脱除高级季戊四醇，经再结晶、离心、干燥，得到高纯度季戊四醇。工业用季戊四醇工艺流程如图 10-2 所示。

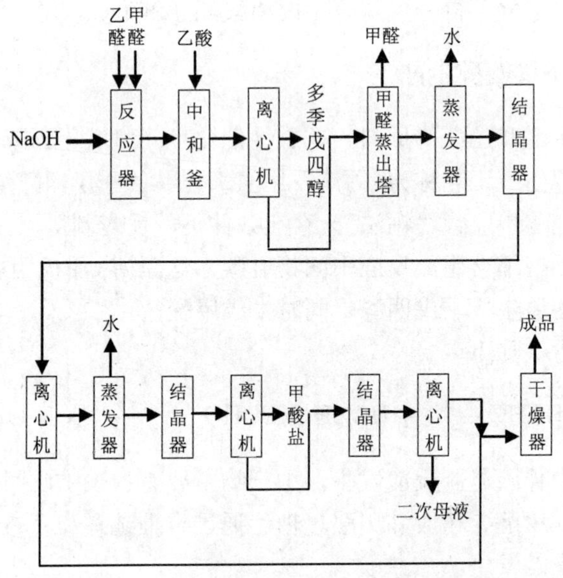

图 10-2　工业用季戊四醇工艺流程

四、化学试剂熔点范围测定通用方法

熔点范围：用毛细管法测定的从该物质开始熔化至全部熔化时的温度范围。试验方法有目视法和仪器法两种。

1．目视法

（1）测定原理。

以加热的方式，使熔点管中的样品从低于其初熔时的温度逐渐升至高于其终熔时的温度，通过目视观察初熔及终熔的温度，以确定样品的熔点范围。

（2）仪器。

熔点范围测定装置：测定装置见图 10-3。

① 圆底烧瓶：容积约为 250 mL，球部直径约为 80 mm，颈长 20～30 mm，口径约为 30 mm。

② 试管：长为 100～110 mm，其直径为 20 mm。

③ 胶塞：胶塞外侧应具有出气槽。

④ 支架：直径 22～24 mm，其内孔大小应与所用温度计匹配，测量温度计由支架固定。

⑤ 测量温度计和辅助温度计：测量温度计选用分度值为 0.1℃的全浸式水银温度计，示值范围适合于所测样品的熔点范围，用辅助温度计对测量温度计在蒸馏过程中露出液面部分的水银柱进行校正；辅助温度计分度值为 1℃，并具有适当的量程。

⑥ 熔点管：用中性硬质玻璃制成的毛细管，一端熔封，内径 0.9～1.1 mm，壁厚 0.10～0.15 mm，长度以安装后上端高于传热液体液面为准（约 100 mm）。

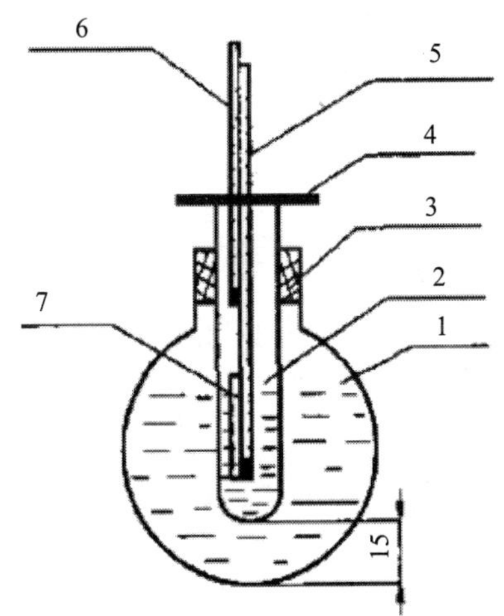

1—圆底烧瓶；2—试管；3—胶塞；4—支架；
5—测量温度计；6—辅助温度计；7—熔点管

图 10-3 熔点范围测定装置

加热装置：应选用可控制温度的加热装置。

传热液体：应选用沸点高于被测物终熔温度，而且性能稳定、清澈透明、黏度较小的液体作为传热液体。终熔温度在 150℃以下的可采用甘油或液体石蜡；终熔温度在 300℃以下的可采用硅油。试管内与烧瓶内传热液的种类与高度应保持一致。

（3）测定方法。

① 将样品研成细密的粉末，按产品标准的规定将样品进行干燥。干燥后的样品装入清洁、干燥的熔点管中，取一长约 800 mm 的干燥玻璃管，直立于玻璃板上，将装有样品的熔点管在其中投落数次，直至熔点管内样品紧缩至约 3 mm 高。易分解、易脱水的样品，应将熔点管另一端熔封。

② 先将传热液体的温度缓缓升至比样品所规定的熔点范围的初熔温度低 10 ℃，此时将装有样品的熔点管附着于测量温度计上，使熔点管样品端与水银球的中部处于同一水平，测量温度计通过支架悬垂于试管中（可用固定辅助温度计的小胶圈悬架在支架上），其水银球应位于传热液体的中部。使升温速率稳定保持在（1.0±0.1）℃/min。遇易分解、易脱水的样品，则升温速率应保持在 3℃/min。

③ 当样品出现局部熔化，呈现微小液滴时的温度即为初熔温度，样品完全熔化时的温度即为终熔温度。记录初熔温度及终熔温度。

（4）分析结果的表述。

① 测量温度计读数校正值。测量温度计露出液面部分水银柱度数的校正值 Δt，数值以℃表示，按下式计算：

$$\Delta t = 0.000\,16\,(t_1 - t_a)(t_1 - t_b)$$

式中，t_1 —— 测量温度计读数，℃；

t_a —— 露出液面部分的水银柱的平均温度（该温度由辅助温度计测得），℃；

t_b —— 液面处的水银柱读数，℃。

② 熔点范围的计算。

熔点范围 t，数值以℃表示，按下式计算：

$$t = t_1 + \Delta t$$

式中，Δt —— 测量温度计露出液面部分的水银柱度数的校正值，℃；

t_1 —— 测量温度计读数，℃。

2．仪器法

（1）测定原理。

加热毛细管中的样品，观察其相变过程或相变时透光率的变化以确定熔点。

（2）仪器。

① 熔点管：用中性硬质玻璃制成的毛细管，一端熔封，内径 0.9～1.1 mm，壁厚 0.10～0.15 mm，长度以安装后上端高于传热液体液面为准（约 100 mm）。

② 熔点仪：达到 0.2 级的要求。

（3）测定方法。

① 样品前处理。将样品研成细密的粉末，按产品标准的规定将样品进行干燥。干燥后的样品装入清洁、干燥的熔点管中，取一长约 800 mm 的干燥玻璃管，直立于玻璃板上，将装有样品的熔点管在其中投落数次，直至熔点管内样品紧缩至约 3 mm 高。易分解、易脱水的样品，应将熔点管另一端熔封。

② 按仪器说明书进行操作。

（4）分析结果的表述。

结果由熔点测定仪直接读出。

参考文献

[1] 张振宇. 化工产品检验技术. 北京：化学工业出版社，2008.

[2] 黄艳杰，徐景峰. 化工产品检验技术. 北京：化学工业出版社，2009.

[3] 师兆忠. 工业分析实战教程. 北京：化学工业出版社，2010.

[4] 许新兵，任小娜. 工业分析. 天津：天津大学出版社，2010.

[5] 何晓文，许广胜. 工业分析技术. 北京：化学工业出版社，2012.

[6] 张小康，张正兢. 工业分析. 第2版. 北京：化学工业出版社，2009.

[7] 吉分平. 工业分析. 第2版. 北京：化学工业出版社，2012.

[8] 陈五平. 无机化工工艺学. 第3版. 上册. 合成氨、尿素、硝酸、硝酸铵. 北京：化学工业出版社，2002.

[9] 陈五平. 无机化工工艺学. 第3版. 下册. 纯碱、烧碱. 北京：化学工业出版社，2001.

[10] 《化工商品检验手册》编委会. 化工商品检验手册. 北京：化学工业出版社，1996.

[11] 大连化工研究设计院. 纯碱工学. 第2版. 北京：化学工业出版社，2004.

[12] 江体乾，等. 化工工艺手册. 上海：上海科学技术出版社，1992.

[13] 高洁，狄晓亮，李昱昀. 氧化镁的发展趋势及其生产方法. 化工生产与技术，2005，12（5）：36 - 40.

[14] 张玲玲. 硫酸铜生产工艺分析. 化工时刊，1998，12（5）：34-36.

[15] 王富海. 硬脂酸及脂肪酸衍生物生产工艺. 北京：轻工业出版社，1991.

[16] 郭立新，李辉. 季戊四醇生产工艺及技术进展. 化工设计，2002，12（5）：44-52.

[17] 冷晓梅，唐浩，夏俊辉. 环己酮的生产和应用. 化工时刊，1998，12（6）：38-40.

[18] 况宗华. 甲醛生产技术综述. 化工设计通讯. 2001，27（3）：5-7.

[19] GB/T 337. 1—2014 工业硝酸 浓硝酸.

[20] GB/T 337. 2—2014 工业硝酸 稀硝酸.

[21] GB/T 601—2002 化学试剂 标准滴定溶液的制备.

[22] GB/T 603—2002 化学试剂 试验方法中所用制剂及制品的制备.

[23] GB/T 4015—2008 化学试剂 酸碱指示剂 pH 变色域测定通用方法.

[24] GB/T 3723—1999 工业用化学产品采样安全通则.

[25] GB/T 6678—2003 化工产品采样总则.

[26] GB/T 6680—2003 液体化工产品采样通则.

[27] GB 209—2006 工业用氢氧化钠.

[28] GB/T 4348. 1—2013 工业用氢氧化钠 氢氧化钠和碳酸钠含量的测定.

[29] GB/T 4348. 2—2014 工业用氢氧化钠 氯化钠含量的测定 汞量法.

[30] GB/T 4348. 3—2012 工业用氢氧化钠 铁含量的测定 1,10-菲啰啉分光光度法.

[31] GB 5175—2008 食品添加剂 氢氧化钠.

[32] GB/T 6679—2003 固体化工产品采样通则.

[33] GB/T 7698—2014 工业用氢氧化钠 碳酸盐含量的测定 滴定法.

[34] GB/T 11199—2006 高纯氢氧化钠.

[35] GB/T 11212—2013 化纤用氢氧化钠.

[36] GB/T 11213. 1—2007 化纤用氢氧化钠 氢氧化钠含量的测定.

[37] GB/T 11213. 2—2007 化纤用氢氧化钠 氯化钠含量的测定 分光光度法.

[38] GB 437—2009 硫酸铜（农用）.

[39] GB/T 1604—1995 商品农药验收规则.

[40] GB/T 1605—2001 商品农药采样方法.

[41] GB 3796—2006 农药包装通则.

[42] GB 210. 1—2004 工业碳酸钠及其试验方法 第 1 部分：工业碳酸钠.

[43] GB/T 210. 2—2004 工业碳酸钠及其试验方法 第 2 部分：工业碳酸钠试验方法.

[44] GB/T 3049—2006 工业用化工产品 铁含量测定的通用方法 1,10-菲啰啉分光光度法.

[45] GB/T 3050—2000 无机化工产品中氯化物含量测定通用方法 电位滴定法.

[46] GB/T 3051—2000 无机化工产品中氯化物含量测定的通用方法 汞量法.

[47] GB/T 9103—2013 工业硬脂酸.

[48] GB/T 9104—2008 工业硬脂酸试验方法.

[49] GB/T 6284—2006 化工产品中水分测定的通用方法 干燥减量法.

[50] GB/T 6283—2008 化工产品中水分含量的测定 卡尔·费休法（通用方法）.

[51] GB/T 2366—2008 化工产品中水含量的测定 气相色谱法.

[52] GB/T 13206—2011 甘油.

[53] GB/T 13216—2008 甘油试验方法.

[54] GB/T 10669—2001 工业用环己酮.

[55] GB 3143—1982 液体化学产品颜色测定法（Hazen 单位 —— 铂–钴色号）.

[56] GB/T 4472—2011 化工产品密度、相对密度测定.

[57] GB/T 6488—2008 液体化工产品 折光率的测定（20℃）.

[58] GB/T 7534—2004 工业用挥发性有机液体 沸程的测定.

[59] GB/T 9009—2011 工业用甲醛溶液.

[60] GB/T 7815—2008 工业用季戊四醇.

[61] GB/T 7531—2008 有机化工产品灼烧残渣的测定.

[62] GB/T 617—2006 化学试剂 熔点范围测定通用方法.

[63] HG/T 2573—2012 工业轻质氧化镁.

[64] HG/T 2679—2006 工业重质氧化镁.

[65] HG/T 3928—2012 工业活性轻质氧化镁.

[66] HG/T 2989—1993（1997）硫酸铜.

[67] HG/T 3696. 2—2011 无机化工产品 化学分析用标准溶液、制剂及制品的制备. 第 2 部分：杂质标准溶液的制备.

[68] HG/T 4015—2008 化学试剂 酸碱指标剂 pH 变色域测定通用方法.

[69] QB/T 2739—2005 洗涤用品常用试验方法 滴定分析（容量分析）用试验溶液的制备.